普通高等教育"十三五"规划教材

数控机床实训教程

周玉华　康永玲　全　震　主编
孙宗海　参编

北　京
冶　金　工　业　出　版　社
2020

内容提要

本书从增强数控机床实训效果出发，介绍了数控机床的加工原理、使用步骤、加工实例操作；对各部分的编程与操作做了有针对性的描述，引入了多种有效加工零件；为了实训安全，介绍了必要的安全教育内容；针对不同的操作系统，分别加以介绍，并指出其区别及各自的优缺点。

本书着重体现创新思维与工程技术相结合，紧密结合工程实践；案例尽量采用生产和生活所需的制品，提出方案，开发新的产品，不仅具有较强的实用性，而且容易引发学生的创新兴趣，充分激发学生的潜能。

本书为高等学校机械类专业实训教材，也可供从事数控机床加工领域工作的工程技术人员参考。

图书在版编目(CIP)数据

数控机床实训教程/周玉华，康永玲，全震主编. —北京：冶金工业出版社，2020. 8

普通高等教育“十三五”规划教材

ISBN 978-7-5024-6836-1

Ⅰ. ①数… Ⅱ. ①周… ②康… ③全… Ⅲ. ①数控机床—高等学校—教材 Ⅳ. ①TG659

中国版本图书馆 CIP 数据核字（2020）第 147748 号

出 版 人 陈玉千

地　　址 北京市东城区嵩祝院北巷 39 号 邮编 100009 电话 (010)64027926

网　　址 www. cnmip. com. cn 电子信箱 yjcbs@ cnmip. com. cn

责任编辑 宋 良 美术编辑 吕欣童 版式设计 孙跃红 禹 蕊

责任校对 郑 娟 责任印制 李玉山

ISBN 978-7-5024-6836-1

冶金工业出版社出版发行；各地新华书店经销；固安华明印业有限公司印刷

2020 年 8 月第 1 版，2020 年 8 月第 1 次印刷

148mm×210mm；3. 75 印张；120 千字；110 页

20. 00 元

冶金工业出版社 投稿电话 (010)64027932 投稿信箱 tougao@cnmip. com. cn

冶金工业出版社营销中心 电话 (010)64044283 传真 (010)64027893

冶金工业出版社天猫旗舰店 yjgycbs. tmall. com

（本书如有印装质量问题，本社营销中心负责退换）

前　言

数控机床是典型的机电一体化产品，其高精度、高效率、高柔性的特点，决定了其应用日益普及。工程训练课程是本科生的必修实践教学环节，数控机床实训作为工程训练的一部分，显得尤为重要。数控机床训练课程旨在培养学生对数控机床的操作技能，提高学生就业能力；采用引领型教学形式，围绕任务展开，在完成任务的过程中，使学生掌握基本的机床操作技能，并培养其实践、分析等综合能力。

为了给学生在训练时创造方便，便于学生参考。在本书编写中，力求反映现代教学思想对数控机床实习运用的需求，重视对数控机床的基本知识、实践技能和实践结果的论述，重视理论与实践的结合；叙述上力求层次分明、合理，叙述简练，便于理解。在编写时，我们从教育实践着手，以运用为目的，以必要、够用为度，以讲清概念、强化运用为要点，加强内容的针对性和实用性。对各部分的编程与操作描述力求详尽，引入多种有效加工零件；力求内容通俗易懂，学生便于预习、掌握与延展；对所涉及的数控机床操作部分，列出应用案例与详尽的加工步骤；为了安全进行实训，书中编入了必要的安全教育内容；针对不同的操作系统，分别加以介绍，并指出区别。

本书突出应用型本科学校的办学特色，力求向学生提供最迫切需要的工程知识，具有较高的实用价值。

全书共分 4 章，第 1 章为数控机床简介，第 2 章讲述数控车床实训，第 3 章讲述数控铣床实训，第 4 章介绍加工中心实训。本书由辽宁科技大学教师周玉华负责全书整编及数控铣床实训部分，康永玲老师负责数控车床实训，全震老师负责加工中心实训；鞍钢重型机械有限公司孙宗海参与了部分工艺审核工作。

在本书编写过程中，参考了有关文献，并得到许多同行专家、教授的支持和帮助；辽宁科技大学教材建设基金对本书的出版给予了资助。在此表示衷心的感谢！

由于作者水平所限，书中不妥之处，诚请读者批评指正。

编　者
2020 年 6 月

目　录

1 数控机床简介

1.1 数控技术的产生、发展与现状

1.1.1 数控技术的发展史

1948 年，美国帕森斯公司接受美国空军委托，研制飞机螺旋桨叶片轮廓样板的加工设备。由于样板形状复杂多样，精度要求高，一般加工设备难以适应，于是提出了计算机控制机床的设想。

1952 年，帕森斯公司与麻省理工学院合作研制了第一台三坐标数控铣床，这是世界上第一台数控铣床，可用于复杂曲面加工。这是机械制造行业中的一次技术革命，标志着生产和控制领域一个崭新时代的到来。

1958 年，美国研制成功了第一台具有自动换刀装置和刀库的加工中心。

1959 年，美国研制成功了第一台工业机器人。

1963 年，美国出现了计算机辅助设计及绘图系统（CAD）。

自第一台数控机床研制成功后，数控技术迅速在日本、欧洲等国家发展起来。

1967 年，英国成功研制了由 6 台数控机床组成的柔性制造系统。

我国从 1958 年开始研究数控技术。从 20 世纪 70 年代开始，数控技术在车、铣、钻、镗、磨、齿轮加工、电加工等领域全面展开。20 世纪 80 年代，由于从日、美、德等国引进了数控系统与伺服系统的制造技术，使我国的数控机床在性能和质量上产生了一个质的飞跃，数控机床的品种有了新的发展，品种不断增多，规格愈发齐全，目前，我国已有几十家机床厂能够生产不同类型的数控机床和加工中心。

863计划实施后，国家把机器人列入了自动化领域研制的主题，现已成功研制了焊接、搬运、能前后左右步行、爬墙、能在水下作业的多种类型的机器人。

20世纪90年代后期，出现了PC+CNC智能数控系统，即以PC机为控制系统的硬件部分，在PC机上安装NC软件系统。此种方式系统维护方便，易于实现网络化制造。

20世纪人类社会最伟大的科技成果是计算机的发明与应用，计算机及控制技术在机械制造设备中的应用，是20世纪内制造业发展的最重大的技术进步。

1.1.2 数控系统的发展

数控系统先后经历了两个阶段和六代的发展：

第一代数控系统，采用电子管元件；

第二代数控系统，采用晶体管元件；

第三代数控系统，采用集成电路；

第四代数控系统，采用小型计算机数控系统；

第五代数控系统，采用微处理器数控系统；

第六代数控系统，是基于PC机平台的开放型CNC系统。

1.2 数控机床的组成及分类

数控机床是一类装有数字控制系统的自动加工机床。与普通机床相比，它具有适应范围广、自动化程度高、柔性大、劳动强度低、易于组成自动生产系统等优点，主要区别是具有数字程序控制系统(简称数控系统)。

1.2.1 数控机床的组成

(1) 机床主体：是数控机床的机械结构部分，是实现零件加工的执行部件，用于完成对零件的加工。其结构与普通机床相似。

(2) 伺服驱动装置与位置检测装置：是联系数控系统和数控机床机械结构不可少的纽带。驱动装置是数控机床的动力来源，按照数控指令驱动机床运动。位置检测装置检测实际位移量，并将实际位移量反馈给伺服驱动系统，对控制位移量与实际位移量进行比较，根据比较差值调整控制信号，提高控制精度。

（3）数控装置：是数控机床的核心。用于输入、编辑加工用数控指令，并在系统内进行数字运算和逻辑运算，将用户程序转换成机床控制信号，控制机床加工。

（4）辅助装置：用于自动润滑、自动冷却、自动排屑、自动编程等。

1.2.2 数控机床的分类

1.2.2.1 按工艺用途（或加工方式）分类

（1）切削加工类：数控车床，数控铣床，数控磨床，加工中心等；

（2）成形加工类：数控折弯机，数控弯管机等；

（3）特种加工类：数控线切割机，电火花加工机，激光加工机等；

（4）其他类型：工业机器人，数控装配机，数控测量机等。

1.2.2.2 按控制的运动轨迹分类

（1）点位控制：点位控制数控机床只要求获得准确的加工坐标点的位置。数控钻床、数控坐标镗床和数控冲床等均采用点位控制。这类机床最重要的性能指标是要保证孔的相对位置，并要求快速点定位，以便减少空行程时间。如图 1-1 所示。

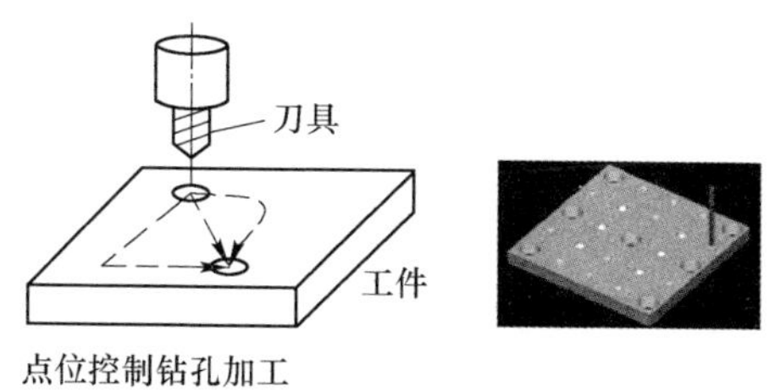

图 1-1 点位控制加工示意图

（2）点位直线控制：点位直线控制数控机床，除了要求控制位移终点位置外，还能实现沿平行坐标轴的直线切削加工，并且可以设定直线切削加工的进给速度。例如，在车床上车削阶梯轴，在铣床上铣削台阶面等。如图 1-2 所示。

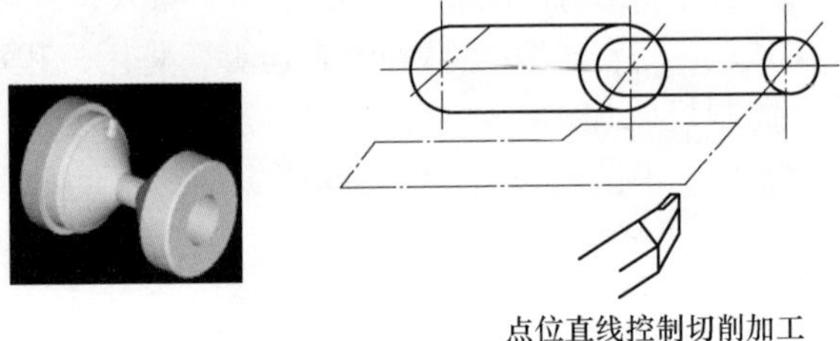

图 1-2　点位直线控制数控机床示意图

（3）轮廓控制：轮廓控制数控机床能够对两个或两个以上的坐标轴同时进行控制，不仅能够控制机床移动部件的起点与终点坐标值，而且能控制整个加工过程中每一点的速度与位移量。如图 1-3 所示。

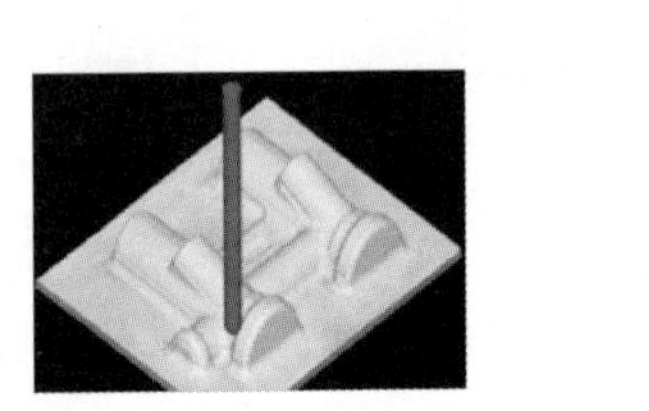

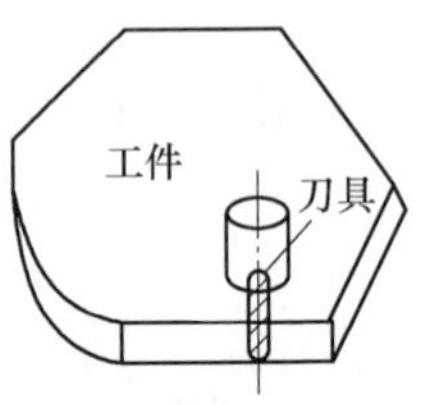

轮廓控制切削加工

图 1-3　轮廓控制数控机床示意图

1.2.2.3　按控制方式分类

数控机床按照对被控量有无检测反馈装置可分为开环控制和闭环控制两种。闭环系统根据测量装置安放的部位又分为全闭环控制和半闭环控制两种。

（1）开环控制数控机床：这类控制的机床其控制系统没有位置检测元件，伺服驱动部件通常为反应式步进电动机或混合式伺服步进电动机。此类数控机床的信息流是单向的，即进给脉冲发出去后，实际移动值不再反馈回来，所以称为开环控制数控机床。

（2）闭环控制数控机床：这类控制的机床在机床移动部件上直接安装直线位移检测装置，直接对工作台的实际位移进行检测，并将测量的实际位移值反馈到数控装置中，与输入的指令位移值进行比较，用差值对机床进行控制，使移动部件按照实际需要的位移量运动，最终实现移动部件的精确运动和定位。这类控制的数控机床，因把机床工作台纳入了控制环节，故称为闭环控制数控机床。

（3）半闭环控制数控机床：这类控制的机床是在伺服电动机的轴或数控机床的传动丝杠上装有角位移电流检测装置，通过检测丝杠的转角间接地检测移动部件的实际位移，然后反馈到数控装置中去，并对误差进行修正。由于工作台没有包括在控制回路中，因而称为半闭环。

一般学校数控机床的实训，主要以数控车床、数控铣床、加工中心来开展的。

1.3　数控机床实训的安全要求

（1）实习时，要按规定穿戴好工作服和防护帽，严禁戴手套操作机床。

（2）未熟悉机床性能结构和按钮功能前，不能进行操作。未经实习指导教师许可，不准擅自动用任何设备、电闸、开关和操作手柄，以免发生安全事故。

（3）实习中如有异常现象或发生安全事故，应立即拉下电闸或关闭电源开关，停止实习，保留现场并及时报告指导人员，待查明事故原因后，方可继续实习。

（4）程序输入前，必须严格检查程序的格式、代码及参数选择是否正确。学生编写的程序必须经指导老师检查同意后，方可进行输入操作。开始加工之前，必须认真复核程序。程序输入后，要进行加工轨迹的模拟显示，确定程序正确后，方可进行加工操作。

（5）主轴启动前应注意检查以下各项：

1）所有开关都处于非工作的安全位置；

2）机床的润滑系统及冷却系统应处于良好的工作状态；

3）检查加工区域有无搁放其他杂物，确保运转畅通；

4）必须检查变速手柄的位置是否正确，以保证传动齿轮的正常啮合；

5）调整好刀具的工作位置，包括检查刀具是否夹紧、刀具位置是否正确、刀尖旋转是否会撞击零件、卡盘及尾架等；

6）禁止零件未夹紧就启动机床；

7）调整好刀具的工作限位；

8）检查回转刀架回转空间内是否有异物；

9）床面刀架上不得放置工具、量具、杂物等，清理切屑应使用专用工具。

（6）操作数控车床进行加工时应注意以下各项：

1）当机床出现报警信息时，无论机床是否运转，都必须向教师汇报，由教师处理。不许带报警信息运行机床；

2）加工过程中不得拨动变速手柄，以免打坏齿轮；

3）加工过程中须盖好防护门；

4）必须精力集中，发现异常立即按下“急停”按钮停车处理，以免损坏设备；

5）程序运行开始时，必须用手虚按在急停按钮之上，随时准备发现问题，停止程序。

（7）装卸零件、刀具时，禁止用重物敲打机床部件。

（8）车刀磨损、崩刃后，要及时更换。

（9）务必在机床停稳后，再进行测量零件、检查刀具、安装零件等项工作。

（10）操作者离开机床前，必须停止机床的运转。

（11）操作完毕后，必须立即关闭电器。机床断电之前，必须做导轨等部位的清理，要将尾座回退到机床导轨右侧并锁紧，清理工具，保养机床，打扫工作场地。

（12）关机时注意：先关系统，后关电源。

2 数控车床实训

2.1 数控车床基础知识

2.1.1 数控车床的加工特点

数控车床的加工特点为：

(1) 机床加工精度高，质量稳定；

(2) 生产准备周期短，生产效率高；

(3) 柔性大，适应性强，能实现复杂零件的加工；

(4) 降低了操作者的体力劳动强度，实现一人多机操作，工作环境好；

(5) 便于现代化管理；

(6) 价格较高，但经济效益良好。

2.1.2 加工适合范围

数控车床主要用于加工精度高、表面粗糙度好、轮廓形状复杂的轴类、盘类、带特殊螺纹等的回转体零件，能够通过程序控制自动完成圆柱面、圆锥面、圆弧面、成形表面及各种螺纹的切削加工，并进行切槽、钻、扩、铰孔等加工。

2.1.3 数控车床与普通车床结构上的异同

(1) 传动链短：数控车床刀架的两个方向分别由两台伺服电机驱动。伺服电机直接与丝杠联接带动刀架运动。伺服电机与丝杠间也可以用同步皮带副联结。多功能数控车床采用直流或交流主轴控制单元来驱动主轴，可以按控制指令无级变速，与主轴之间无须再用多级齿轮副来进行变速。随着电机宽调速技术的发展，目标是取消变速齿轮副，目前还要通过一级齿轮副变几个转速范围。因此，床头箱内的结构已比传统车床简单得多。

（2）刚性好：与控制系统的高精度控制相匹配，以适应高精度的加工。

（3）轻拖动：刀架移动一般采用滚珠丝杠副，为了拖动轻便。数控车床的润滑都比较充分，大部分采用油雾自动润滑。

2.1.4 数控车床刀具的类型

（1）按照形状一般分为三类：

1）尖形车刀：左右偏刀，切断车刀等；

2）圆弧形车刀：特殊的数控加工车刀；

3）成形车刀：样板车刀。

（2）按照结构可分为三类：

1）整体式车刀，主要是整体式高速钢车刀，一般用于小型车刀、螺纹车刀、形状复杂的成形车刀；

2）焊接式车刀；

3）机械夹固式车刀，分为可重磨车刀和不可重磨车刀。

2.2 数控车床加工过程

2.2.1 数控车床加工的步骤

（1）阅读零件图纸：详细了解图纸的技术要求，如尺寸精度、形位公差、表面粗糙度、零件的材料、硬度、加工性能以及零件数量等；明确加工的内容和要求。

（2）工艺分析：根据零件图纸的要求进行工艺分析，其中包括零件的结构工艺性分析、材料和设计精度合理性分析、大致工艺步骤，选择或设计刀具和夹具等。

（3）制定工艺：根据工艺分析制定出加工所需要的一切工艺信息，如加工工艺路线、工艺要求、刀具的运动轨迹、位移量、切削用量（主轴转速、进给量、吃刀深度）以及辅助功能（换刀、主轴正转或反转、切削液开或关）等，并填写加工工序卡和工艺过程卡。

（4）数控编程：编程之前，需要进行数学处理，确定加工坐标系，计算刀具中心运动轨迹，以获得刀位数据，几何元素的起点、终点、交点或切点的坐标值等。计算结束后，即可进行编程。编程人员使用数控系统的程序指令，按照规定的程序格式，编写加工程序。

（5）程序传输：将编写好的程序通过传输接口，输入到数控机床的数控装置中。调整好机床并调用该程序后，就可以加工出符合图纸要求的零件。

数控车床加工过程步骤如图 2-1 所示。

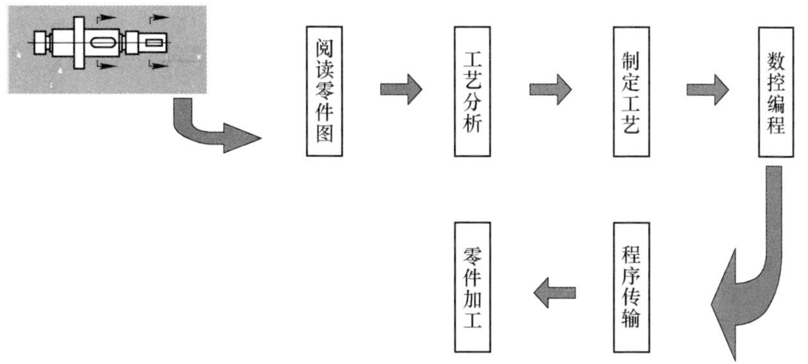

图 2-1　数控车床加工步骤图

2.2.2　数控车床加工工艺制定原则

（1）先粗后精：粗加工→半精加工→精加工→光整加工，穿插合适的辅助工序。

（2）先主后次：先加工主要表面，后安排次要表面。

（3）基面先行：首先加工出用于作为基准的表面。

（4）先面后孔：先加工平面，后加工孔。

（5）先内后外：先以外圆定位加工内孔，再以精度高的孔定位加工外圆，可以保证高的同轴度要求。

2.2.3　轴类零件的加工工艺分析

对典型轴类零件加工技术的应用及数控加工的工艺性分析，主要是对零件图的分析、毛坯的选择、零件的装夹、工艺路线的制订、刀具的选择、切削用量的确定、数控加工工艺文件的填写、数控加工程序的编写。选择正确的加工方法，设计合理的加工工艺过程，充分发挥数控加工优质、高效、低成本的特点。

2.2.3.1 零件图的工艺分析

轴是各种机器中最常见的零件之一，数控车床加工的轴类零件一般由圆柱面、圆锥面、圆弧面、台阶、端面、内孔、螺纹和沟槽组成，材料一般为 45 号钢。通常轴类零件上的圆柱面用于传递扭矩、高精度定心和装卸方面；端面和台阶用来确定装在轴上的零件的轴向位置；螺纹常用于轴或零件的锁紧；沟槽的作用是使磨削外圆或车螺纹时退刀方便，还可以对轴上的传动零件进行轴向定位。

2.2.3.2 零件毛坯和加工机床的选择

（1）毛坯材料：一般为 45 号钢，强度、硬度、塑性等力学性能好，切削性能等加工工艺性能好，便于加工，能够满足使用性能。

（2）加工机床的选择：

1）要保证加工零件的技术要求，能加工出合格的产品。

2）有利于提高生产率。

3）尽可能降低生产成本即生产费用。

根据毛坯的材料和类型，零件轮廓形状复杂程度、尺寸大小、加工精度、零件数量、现有的生产条件要求，选用 CAK4085SI 和 CKA6140 数控车床。

2.2.3.3 刀具和切削用量的选择

数控加工中的刀具选择和切削用量确定，是在人机交互状态下完成的，要求编程人员必须掌握刀具选择和切削用量确定的基本原则，在编程时充分考虑数控加工的特点，能够正确选择刀具及切削用量。数控车床对刀具提出了更高的要求，不仅要求刀具精度高、刚性好、耐用度高，而且要求安装、调整、刃磨方便，断屑及排屑性能好。

数控车床加工切削条件的三要素为切削速度、进给量和切深，会直接引起刀具的损伤。伴随着切削速度的提高，刀尖温度上升，会产生机械的、化学的、热的磨损。切削速度提高 20%，刀具寿命会降低 1/2。

进给条件与刀具后面磨损关系在极小的范围内产生。但进给量大，切削温度上升，后面磨损大。它比切削速度对刀具的影响小。

切深对刀具的影响虽然没有切削速度和进给量大，但在微小切深切削时，被切削材料产生硬化层，同样会影响刀具的寿命。

所以，要根据被加工的材料、硬度、切削状态、材料种类、进给量、切深等选择适用的切削速度，在这些因素的基础上选定的最适合的加工条件。有规则的、稳定的磨损，达到寿命，才是理想的条件。

数控编程时，编程人员必须确定每道工序的切削用量，包括主轴转速、背吃刀量、进给速度等，并以数控系统规定的格式输入到程序中。对于不同的加工方法，需选用不同的切削用量。合理选择切削用量，对零件的表面质量、精度、加工效率影响很大。

2.2.3.4 切削用量的选择原则

切削用量的选择原则是：粗加工时以提高生产率为主，同时兼顾经济性和加工成本的考虑；半精加工和精加工时，应在同时兼顾切削效率和加工成本的前提下，保证零件的加工质量。值得注意的是，切削用量（主轴转速、切削深度及进给量）是一个有机的整体，只有三者相互适应，达到最合理的匹配值，才能获得最佳的切削用量。

(1) 背吃刀量的选择。背吃刀量的大小主要依据机床、夹具、刀具和零件组成的工艺系统的刚度来决定，在系统刚度保证的情况下，为保证以最少的进给次数去除毛坯的加工余量，根据被加工零件的余量确定分层切削深度，选择较大的背吃刀量，以提高生产效率。在数控加工中，为保证零件必要的加工精度和表面粗糙度，一般留少量的余量（0.2~0.5mm），在最后的精加工中沿轮廓走一刀。粗加工时，除了留有必要的半精加工和精加工余量外，在保证工艺系统刚性的前提下，应以最少的次数完成粗加工。留给精加工的余量应大于零件的变形量，并确保零件表面完整性。综合考虑后得到：粗加工时，选取 2.0mm 的背吃刀量。精加工余量取 0.1~0.2mm。

(2) 确定主轴转速。主轴转速应根据允许的切削速度和零件（或刀具）直径来选择。外圆车削及其计算公式为：

$$n = \frac{1000v}{\pi D}$$

式中 v——切削速度，由刀具的耐用度决定，m/min；

n——主轴转速，r/min；

D——零件直径或刀具直径，mm。

计算的主轴转速 n 最后要根据机床说明书，选取机床有的或较接近的转速。

切削速度 v 与刀具耐用度关系比较密切，随着 v 的加大，刀具耐用度将急剧下降，故 v 的选择主要取决于刀具耐用度。

综上所述，切削零件外圆时的主轴转速：粗加工转速为500r/min，精加工转速为1000r/min，螺纹转速为400r/min。

（3）进给量或进给速度的选择。进给速度 F 是切削时单位时间内零件与车刀沿进给方向的相对位移量，单位为 mm/r 或 mm/min。

进给量或进给速度在数控机床上使用进给功能字 F 表示的，F 是数控机床切削用量中的一个重要参数，主要依据零件的加工精度和表面粗糙度要求，以及所使用的刀具和零件材料来确定。零件的加工精度要求越高，表面粗糙度要求越低时，选择的进给量数值就越小。实际中，应综合考虑机床、刀具、夹具和被加工零件精度、材料的机械性能、曲率变化、结构刚性、工艺系统的刚性及断屑情况，选择合适的进给速度。

（4）量具的选择。外圆柱和长度通常用规格为 0~150mm 游标卡尺进行测量；外圆面、端面的圆跳动用百分表测量；圆弧用 R 规测量。

（5）夹具的选择。夹具用来装夹被加工零件以完成加工过程，同时要保证被加工零件的定位精度，并使装卸尽可能方便、快捷。数控加工对夹具主要有两大要求：一是应具有足够的精度和刚度；二是应有可靠的定位基准。

（6）冷却液的选择。切削液作用为冷却、润滑、清洗而且还有一定的防锈作用。金属切削过程中，合理选择切削液，可改善零件与刀具之间的摩擦状况，降低切削力和切削温度，减小刀具磨损和零件的热变形，从而可以提高刀具的耐用度、加工效率和加工质量。切削液的选择应考虑润滑、冷却、清洗、防锈等因素。在加工此轴类零件时，根据该零件材料、刀具材料、加工方法、加工要求及切削液的作用和价格来考虑，加工时选择乳化液比较合理。

2.2.4 数控车床的坐标系

2.2.4.1 数控车床的两种坐标系

数控车床坐标系包括机床坐标和零件坐标两种坐标系。

(1) 机床坐标系，又称机械坐标系，坐标原点位置由生产厂设定。

(2) 零件坐标系，又称编程坐标系，供编程用。零件坐标系是“刀具相对零件而运动”的刀具坐标系，零件坐标系的原心 O 也称零件零点或编程零点，其位置由编程者设定。设定的根据既要符合图样尺寸的标注习惯，又要便于编程。通常零件原点选择在零件的右端面或左端面，零件坐标系的 z 轴通常与主轴重合，x 轴随零件原点位置不同而不同。各轴正方向与机床坐标系相同。如图 2-2 所示。

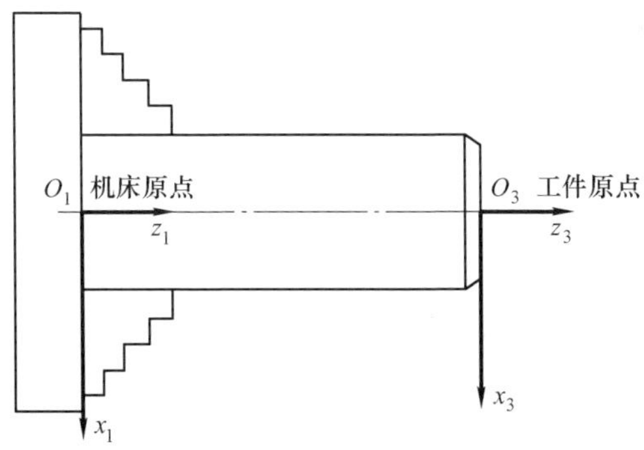

图 2-2 数控车床坐标系示意图

对于零件旋转的机床（如车床、磨床），取平行于横向滑座的方向（零件的径向）为刀具运动的 x 轴坐标。

正方向为远离零件的方向。

2.2.4.2 数控车床的两种坐标编程

数控车床编程分为绝对坐标编程和相对坐标编程（见图 2-3）。

数控编程通常都是按照图形线段或圆弧的端点的坐标来进行的：

（1）当运动轨迹的终点坐标是相对于线段的起点来计量的话，称为相对坐标编程。

（2）当所有坐标点的坐标值均从某一固定的坐标原点计量的话，称为绝对坐标编程。

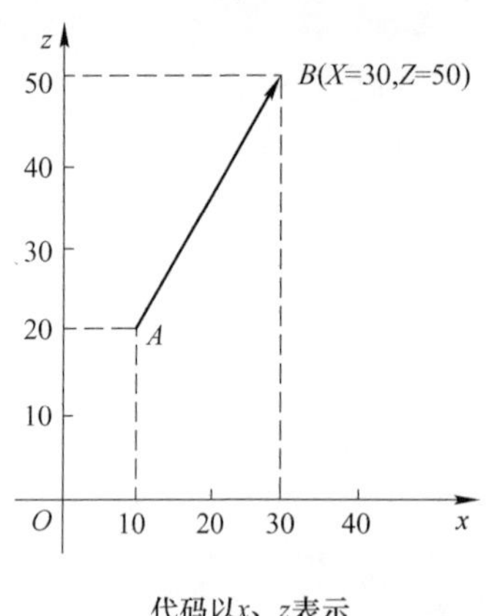

代码以x、z表示

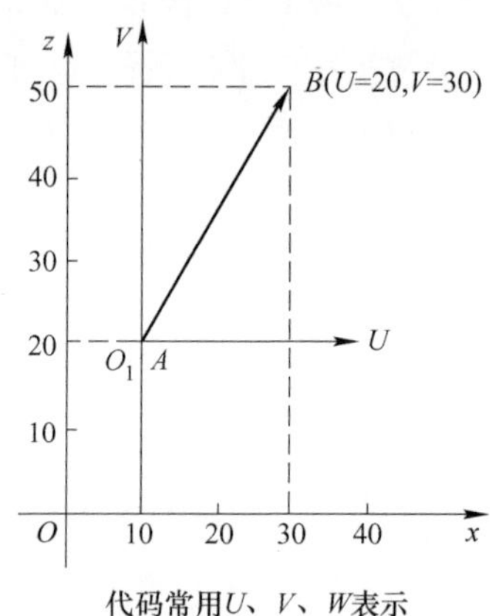

代码常用U、V、W表示

图 2-3 绝对坐标、相对坐标示意图

2.2.5 直径、半径编程

数控车床的编程有直径、半径两种方法。所谓直径编程指 x 轴上有关尺寸为直径值，半径编程时为半径值。一般情况，实习车床用直径编程。

2.3 数控车床程序编制格式

一个完整的数控加工程序由程序开始部分（程序名）、若干个程序段和程序结束部分组成。一个程序段由程序段号和若干个“字”组成，一个“字”由地址符和数字组成。

下面是一个完整的数控加工程序，该程序由程序号开始 O0001，以 M02 结束。

程序	说明
O0001	程序号
N10 M03 S500 T0202;	程序段 1
N20 G00 X60 Z0 ;	程序段 2
N30 G01 X0 F0.2 ;	程序段 3
N40 G00 X100 Z100;	程序段 4
N50 M05;	
N60 M02;	程序结束

2.3.1 程序号

为了区分每个程序，对每个程序要进行编号，程序号由程序号地址和程序的编号组成，程序号必须放到程序的开头。例如：

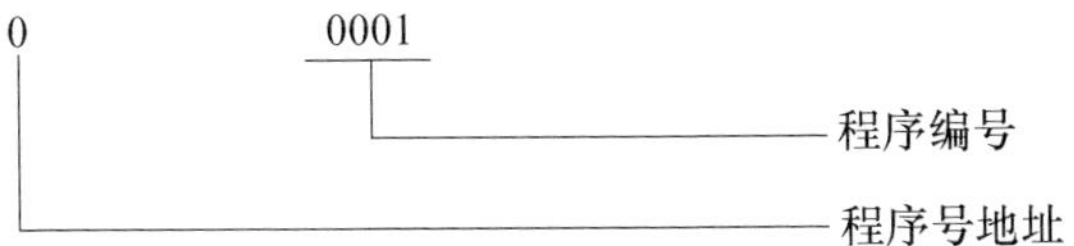

FANUC 系统程序编号范围：0001～9999；
华中系统程序编号范围：数字或字母的组合。

2.3.2 程序段的格式和组成

程序段的格式和组成示例为：

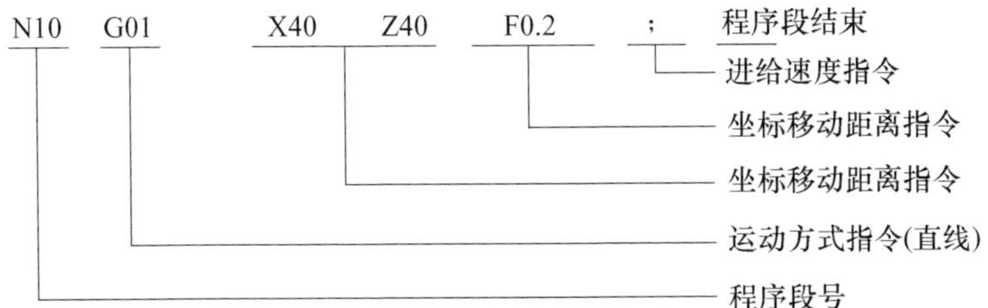

其中，N 是程序地址号，用于指定程序段号；G 是指令动作方式的准备功能地址，G01 为直线插补；X、Z 是坐标轴地址；F 是进给速度指令地址，其后的数字表示进给速度的大小，例如，F0.2 表示进给速度为 0.2mm/r。

2.3.3 “字”

一个“字”的组成如下所示：

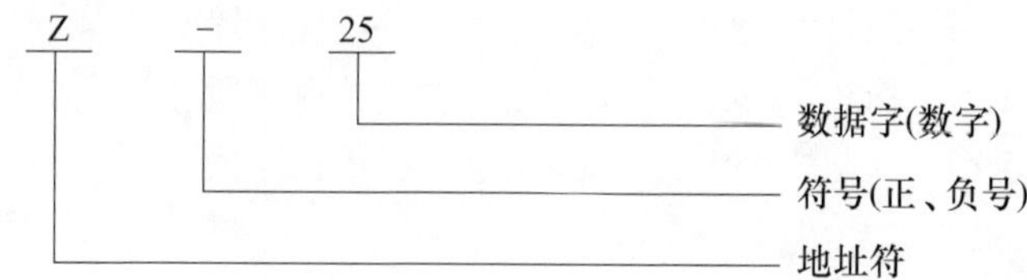

2.4 数控车床编程常用的指令及编制方法

本节应重点掌握以下两项内容：
准备功能指令：G00，G01，G02，G03，G90，G92，G71；
辅助功能指令：M03，M05，M30，S，T，F。

2.4.1 快速点位运动 G00

格式：绝对 G00　X…Z…；相对 G00　U…W…。

功能：刀具以快速移动速度，从当前点移到目标指定点。速度轨迹由制造厂确定，不进行切削加工。

（1）X，Z 目标点的坐标；U，W 目标点的坐标与起始点的坐标差。

（2）常见 G00 轨迹。如图 2-4 所示，从 *A* 到 *B* 有四种方式：直线 *AB*、直角线 *ACB*、直角线 *ADB*、折线 *AEB*。折线的起始角 θ 是固定的（22.5°或 45°），它取决于各坐标轴的脉冲当量。

2.4.2 直线插补 G01

格式：绝对 G01　X…Z…F…；相对 G01　U…W…F…。

功能：刀具以指定的进给速度，从刀具当前点沿直线移到目标点。

（1）X，Z 目标点的坐标；U，W 目标点的坐标与起始点的坐标差。

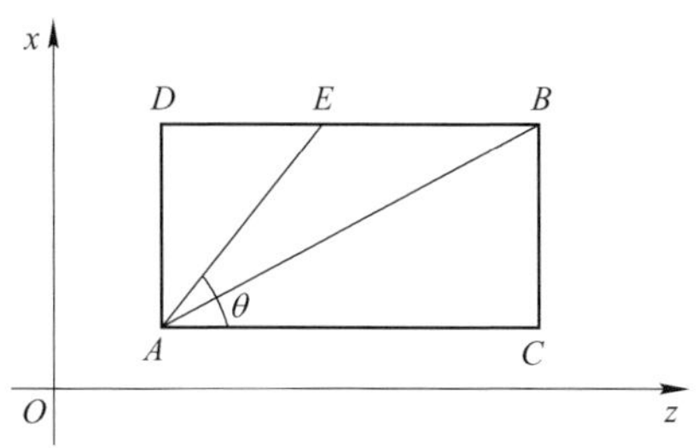

图 2-4 G00 轨迹图

(2) F 代码进给速度指定代码，直到新的值被指定之前，一直有效。

(3) 如果 F 代码不指定，进给速度被当作零。

说明：

G00 运动时，x 轴和 z 轴分别以该轴的快进速度向目标点移动，行走路线不一定为直线。

G00 移动速度不能由 F 代码指定。

G01 时，刀具以 F 指令进给速度由起点向终点进行切削运动，F 切削速度为每转进给 mm/r 或每分进给 mm/min。

举例如图 2-5，编制从 A 点到 B 点的直线程序。

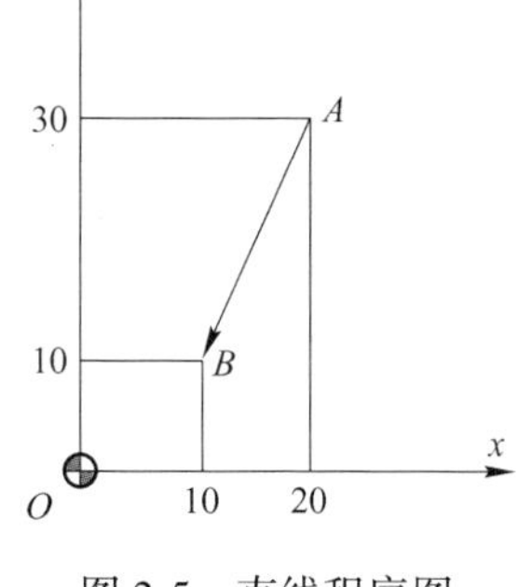

图 2-5 直线程序图

绝对编程：G00 X20 Z30

G01 X10 Z10 F0.2

相对编程：G00 X20 Z30

G01 U-10 Z-20 F0.2

2.4.3 圆弧插补指令

指令 { G02 顺时针圆弧插补
G03 逆时针圆弧插补 }

功能：该指令使刀具从圆弧起点，沿圆弧移动到圆弧终点。

格式：绝对 G02（G03） X…Z…R…F…；相对 G02（G03）U…W…R…F…。

（1）X，Z 是圆弧终点的坐标； U，W 是圆弧终点与圆弧起点的坐标差。

（2）R 是圆弧半径：

圆弧的圆心角≤180°时，用"+R"编程；

圆弧的圆心角>180°时，用"-R"编程。

如图 2-6 所示，刀具从 O 点（0，0）到 A 点（60，-30）编程，则：

绝对　G03X60Z-30R30F0.2；

增量　G03U60W-30R30F0.2。

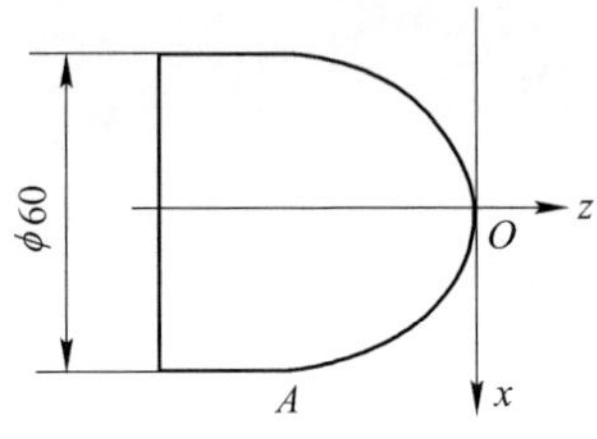

图 2-6　圆弧程序图

2.4.4　轴向切削循环指令 G90

指令格式：G90 X __ Z __ R __ F __；该指令可实现车削内、外圆柱面和圆锥面的自动固定循环，包括车刀的切入、切削、退刀和返回四个动作。如图 2-7 所示。

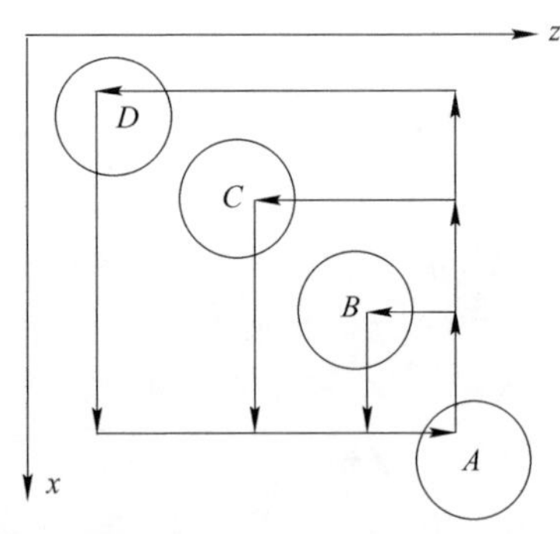

图 2-7　G90 切削程序图

（1）X，Z 是终点坐标；

（2）R=锥起点半径-终点半径，有符号；

（3）如为圆柱，则 $R=0$。

指令使用说明（参见图 2-7）：

G00 XA　ZA　　；循环起点 *A*

G90 XB　ZB　F __；循环终点 *B*

G90 XC　ZC　F __；循环终点 *C*

2.4.5　螺纹切削指令 G32

指令格式：G32 X __ Z __ F __ ；

说明：X __ Z __螺纹终点坐标；

F __螺纹螺距。

用 G32 指令编写螺纹加工程序时，车刀的切入、切削和退刀返回起点都要分段写入程序中，下一次 X 轴进刀仍要重新写指令。

2.4.6　螺纹自动切削循环指令 G92

指令格式：G92 X __ Z __ F __；

说明：　X __ Z __螺纹终点坐标；

F __螺纹螺距。

指令使用说明：

G00 XA　ZA　　；循环起点 *A*

G92 XB　ZB　F __；循环终点 *B*

G92 XC　ZC　F __；循环终点 *C*

注意：G92 可以加工直螺纹，也可以加工锥螺纹。

锥螺纹指令格式：G92 X __ Z __ R __ F __；

R＝锥螺纹起点半径–终点半径，有符号。

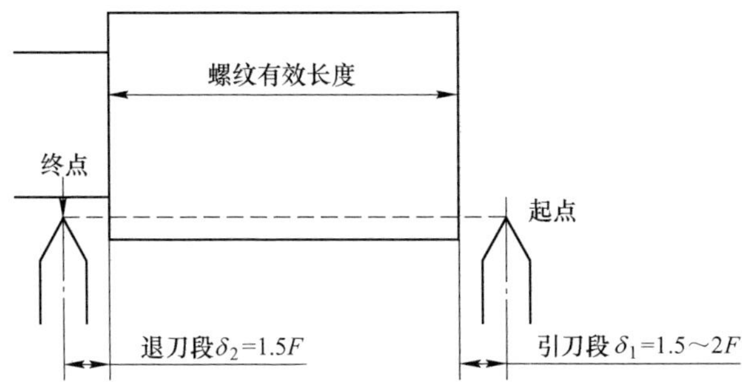

图 2-8　螺纹切削参数图

螺纹切削参数参见图 2-8；螺纹切削背吃刀量与螺距关系见表 2-1。

在数控车床上可以车削米制、英制、模数和径节制四种标准螺纹，无论车削哪一种螺纹，车床主轴与刀具之间必须保持严格的运动关系即：主轴每转 1 转（即零件转 1 转），刀具应均匀地移动一个（零件的）导程的距离。

表 2-1 螺纹切削背吃刀量与螺距关系

螺距		1.0	1.5	2.0	2.5	3.0	3.5	4.0
牙深		0.649	0.974	1.299	1.624	1.949	2.273	2.598
背吃刀量及切削次数	1 次	0.7	0.8	0.9	1.0	1.2	1.5	1.5
	2 次	0.4	0.6	0.6	0.7	0.7	0.7	0.8
	3 次	0.2	0.4	0.6	0.6	0.6	0.6	0.6
	4 次		0.16	0.4	0.4	0.4	0.6	0.6
	5 次			0.1	0.4	0.4	0.4	0.4
	6 次				0.15	0.4	0.4	0.4
	7 次					0.2	0.2	0.4
	8 次						0.15	0.3
	9 次							0.2

2.4.7 内外径轴向粗车循环指令

（1）FANUC 系统：

G71 U（Δd）R（e）；

G71 P（s）Q（f）U（Δu）W（Δw）F（f）S（s）T（t）

式中 Δd——背吃刀量；

e——退刀量；

s——精加工轮廓程序段中开始程序段的段号；

f——精加工轮廓程序段中结束程序段的段号；

Δu——x 轴向精加工余量；

Δw——z 轴向精加工余量；

f，s，t——F、S、T 的量。

(2) 华中系统：

G71 U（Δd） R（Δr） P（s） Q（f） X（Δx） Z（Δz） F（f） S（s） T（t）

式中 Δd——切削深度；

Δr——每次退刀量；

s——精加工轮廓程序段中开始程序段的段号；

f——精加工轮廓程序段中结束程序段的段号；

Δx——x 方向精加工余量；

Δz——z 方向精加工余量；

f，s，t——F、S、T 的量。

2.4.8 内外径轴向精车循环指令

G70 P（s） Q（f）

式中 s——精加工轮廓程序段中开始程序段的段号；

f——精加工轮廓程序段中结束程序段的段号。

注意：此指令只适用于 FANUC 系统。

2.4.9 F 指令

进给功能字地址符是 F，又称为 F 功能或 F 指令，用于指定切削的进给速度。

对于车床，F 可分为每分钟进给和主轴每转进给两种，对于其他数控机床，一般只用每分钟进给。

F 的单位取决于 G94（进给量 mm/min）或 G95（进给量 mm/r）。使用下式可以实现每转进给量与每分钟进给量的转化。

$$f_m = f_r \times S$$

式中 f_m——每分钟的进给量，mm/min；

f_r——每转进给量，mm/r；

S——主轴转数，r/min。

当工作在 G01，G02 或 G03 方式下，编程的 F 一直有效，直到被新的 F 值所取代；而工作在 G00、G60 方式下，快速定位的速度是各轴的最高速度，与所编 F 无关。

F 指令在螺纹切削程序段中常用来指令螺纹的导程。

2.4.10 M 指令

M03—主轴正转；M04—主轴反转；M05—主轴停转；
M07，M08—开切削液；M09—关切削液；
M02，M30—程序结束

2.4.11 T 指令

T0101 表示用第 1 把刀、刀具偏置及补偿量等数据，在第 1 号地址中。

前两位 01 表示刀具，后两位 01 表示地址号。

2.4.12 S 指令

用于指定主轴转速，如 S800 表示 800r/min。

2.4.13 模态指令与非模态指令

模态指令又称续效指令，一经程序中指定，便一直有效，直到以后程序段出现同组另一指令或被其他指令取消时才失效。编写指令时，与上段相同的模态指令可省略不写。

非模态指令又称非续效指令，其功能仅在出现的程序段中有效。

G01 便是模态指令，在下段程序中相同内容可省略。

绝对编程程序可省略如下：

```
G01  X20   Z0   F0.2
           Z-15
     X28   Z-26
           Z-36
     X42
G00  X60   Z25
```

2.5 两种操作系统的区别

一般情况，学校数控车床有两种操作系统，一种是 FANUC 系统，一种是华中系统。两种系统编程基本相同，常用的指令代码主要有以下不同：

	FANUC 系统	华中系统
程序编号码	0000~9999	数字或字母组合
轴向切削循环指令	G90	G80
螺纹自动切削循环指令	G92	G82
进给速度指令	转进给	分进给

2.6 数控车床编程示例

加工如图 2-9 所示成形表面并切断，其中毛坯为 45 号钢，ϕ30mm。请用三种方法来编程（以 FANUC 系统为例）。

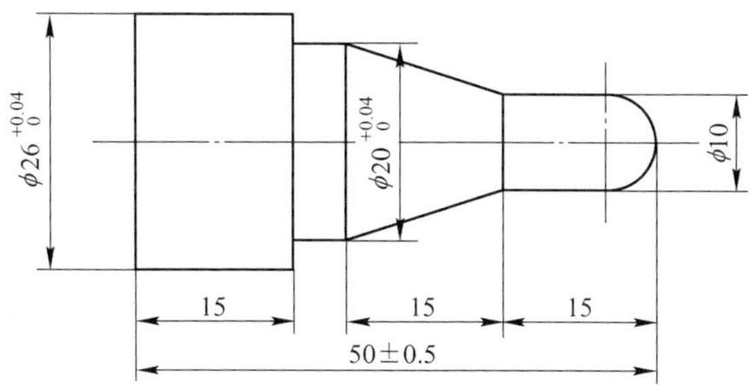

图 2-9 成形表面编程练习图

方法一：用 G01 来编制程序

```
O1;
M03 S500 T0101;
G00 X35 Z0;
G01 X0 Z0 F0.2;
G00 X27 Z2;
G01 X27 Z-55;
G00 X29 Z2;
G00 X24;
G01 X24 Z-35;
G00 X25 Z2;
G00 X21;
G01 X21 Z-35;
G00 X23 Z2;
G00 X17;
G01 X17 Z-21;
G00 X19 Z2;
```

```
G00 X13;
G01 X13 Z-16;
G00 X15 Z2;
G00 X11;
G01 X11 Z-15;
G00 X13 Z2;
G00 X7;
G01 X7 Z-3;
G00 X7 Z2;
G00 X3;
G01 X3 Z-1;
G00 X5 Z2;
G01 X0 Z0;
G03 X10 Z-5 R5;
G01 X10 Z-15;
G01 X20 Z-30;
G01 X20 Z-35;
G01 X26 Z-35;
G01 X26 Z-55;
G00 X100 Z100;
T0202 S200 F0.1;
G00 X32 Z-54;
G01 X0 Z-54;
G00 X35;
G00 X100 Z100;
M05;
M30;
```

方法二：用 G90 来编制程序

```
O2;
M03 S500 T0101;
G00 X35 Z0;
G01 X0 Z0 F0.2;
G00 X32 Z2;
G90 X27 Z-55;
G90 X24 Z-35;
G90 X21 Z-35;
G90 X17 Z-21;
G90 X13 Z-16;
G90 X11 Z-15;
G90 X7 Z-3;
G90 X3 Z-1;
G01 X0 Z0;
G03 X10 Z-5 R5;
G01 X10 Z-15;
G01 X20 Z-30;
G01 X20 Z-35;
G01 X26 Z-35;
G01 X26 Z-55;
G00 X100 Z100;
T0202 S200 F0.1;
G00 X32 Z-54;
G01 X0 Z-54;
G00 X35;
G00 X100 Z100;
M05;
M30;
```

方法三：用 G71，G70 来编制程序

```
O3;
M03 S500 T0101;
G00 X35 Z0;
G01 X0 Z0 F0.2;
G00 X32 Z2;
G71 U2 R1 ;
G71 P10 Q20 U1 W0 ;
N10 G00 X0;
    G01 X0 Z0;
    G03 X10 Z-5 R5;
    G01 X10 Z-15;
    G01 X20 Z-30;
    G01 X20 Z-35;
    G01 X26 Z-35;
N20 G01 X26 Z-55;
G70 P10 Q20;
G00 X100 Z100;
T0202 S200 F0.1;
G00 X32 Z-54;
G01 X0 Z-54;
G00 X35;
G00 X100 Z100;
M05;
M30;
```

2.7 编 程 练 习

试为图 2-10~图 2-14 所示零件编制程序，进行编程方面的基本路径练习，包括粗、精加工两条路线。

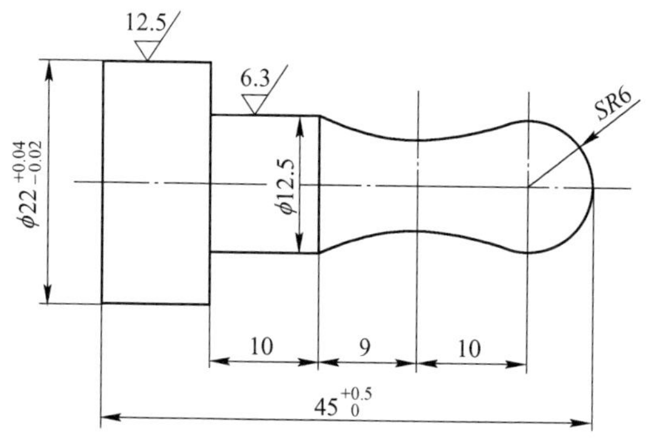

图 2-10

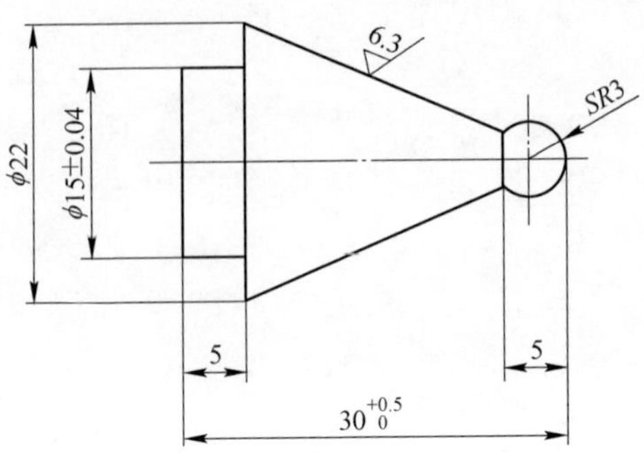

图 2-11

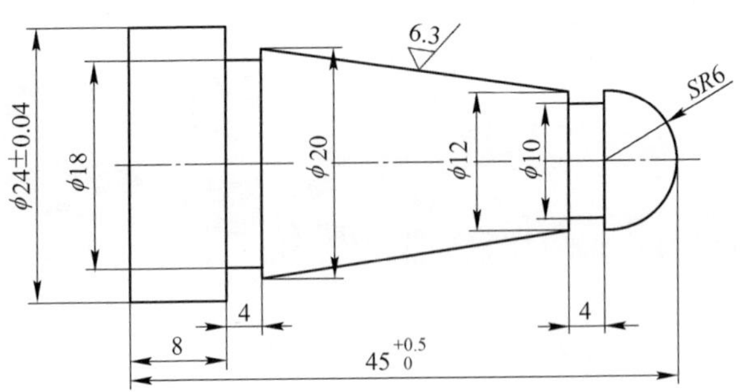

图 2-12

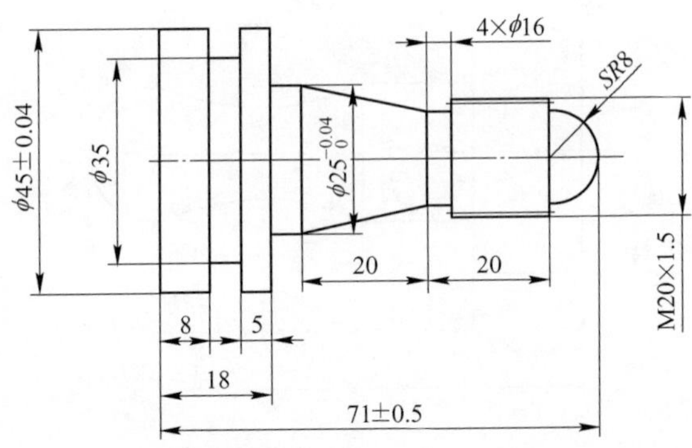

图 2-13

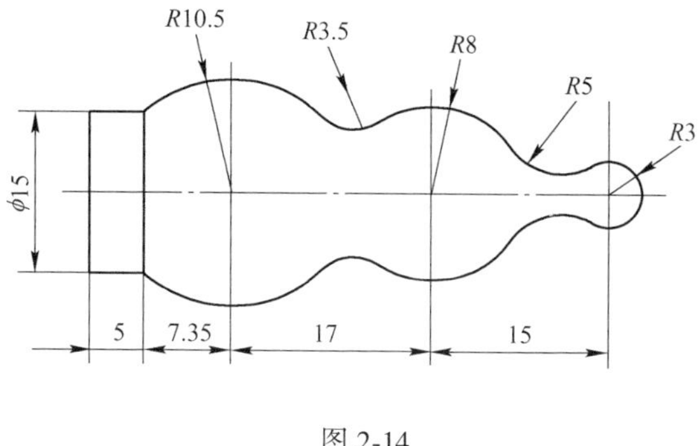

图 2-14

2.8 数控车床操作界面

2.8.1 数控车床结构及系统界面

（1）数控车床的结构见图 2-15。

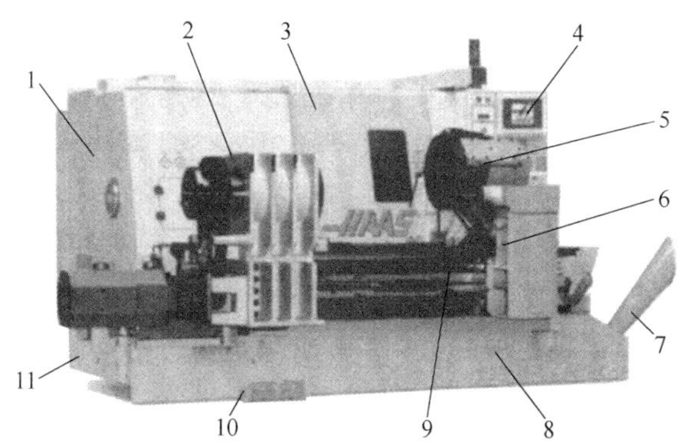

图 2-15 数控车床的结构示意图

1—主轴箱；2—主轴；3—防护罩；4—控制系统；5—液压刀架；6—液压尾座；
7—排屑器；8—冷却液箱；9—导轨；10—机床垫脚；11—机床床身

（2）数控系统界面的基本组成见图 2-16。

（3）CAK4085Si 型数控车床的机床操作面板见图 2-17 和表 2-2。

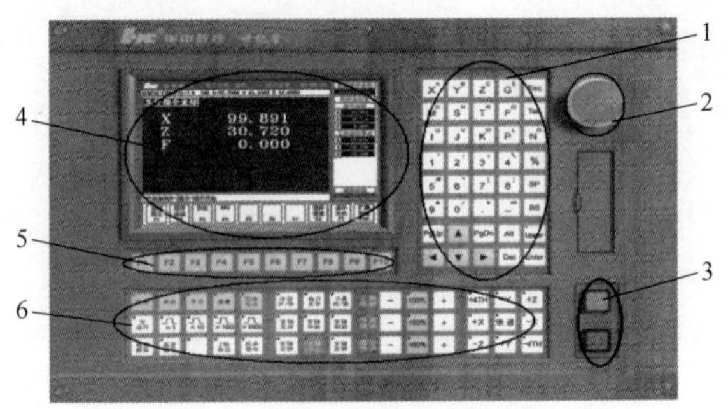

图 2-16 数控系统界面组成图

1—MDI 字符键盘；2—紧急停止按钮；3—循环启动与进给保持按键；
4—液晶显示器；5—功能软件；6—机床操作控制区域

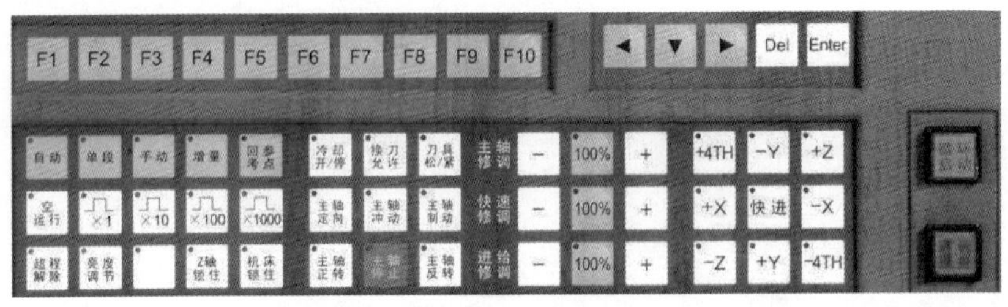

图 2-17 数控车床操作面板图

（4）数控车床操作面板组成见图 2-18。

2.8.2 数控车床的基本操作

通过以上对 CAK4085Si 数控车床的基本介绍，我们已经对机床操作面板和系统操作面板有了一定的了解。下边我们再来看看具体的操作和应用：请同学们按照同步工作页的操作提示一起来完成学习。

2.8.2.1 机床的开关机操作：

（1）开机操作

1）打开机床外部电源（将机床左侧的旋钮开关旋至 ON）；

表 2-2 数控车床操作面板按钮

按钮符号	按钮名称	按钮含义和用法	按钮符号	名称按钮	按钮含义和用法
自动	自动键	激活机床自动模式	主轴正转 主轴停止 主轴反转	主轴键	用于控制主轴停转
单段	单段键	激活机床单段模式	主轴修调 − 100% +	主轴修调	控制主轴转动倍率
手动	手动键	激活机床手动功能	快速修调 − 100% +	快速修调	控制机床快移倍率
增量	增量键	激活机床步进功能	进给修调 − 100% +	进给修调	用于控制机床进给倍率
回零	回零键	返回机床零点	x1 x10 x100 x1000	增量倍率	控制机床步进给速度
冷却开停	冷却液键	用于冷却液开	-Z 快进 +Z	轴选择键	选择移动的坐标轴
刀位转换	换刀键	用于刀具切换	进给保持	进给保持	暂停机床自动加工功能
超程解除	超程解除	解除机床超程报警	循环启动	循环启动	开始机床自动加工功能
机床锁住	机床锁	禁止机床所有运动		急停按键	紧急停止按键
空运行	空运行健	用于加工效验		手摇轮	激活机床手摇功能

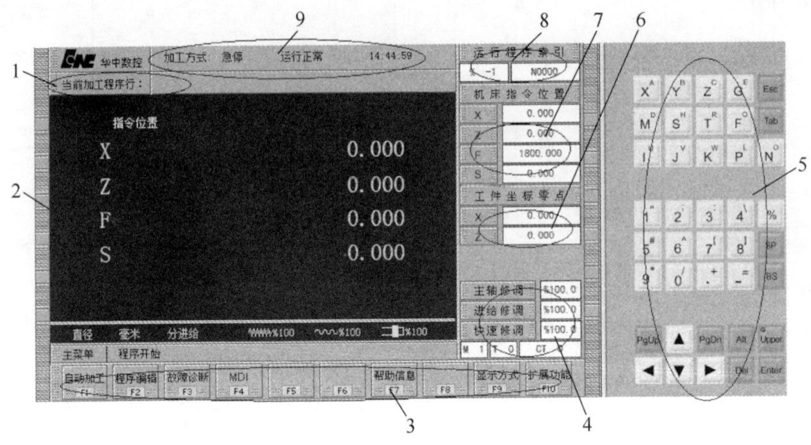

图 2-18 数控车床操作面板组成图

1—当前加工行：用于显示当前正在加工或将要加工的程序段；

2—显示窗口：用于显示当前界面的机床信息，可通过功能软件进行切换界面内容；

3—菜单命令条：通过 F1～F10 软件，用于切换和完成系统各个功能操作；

4—倍率显示信息框：用于显示最新的主轴、快速、进给倍率和刀具激活信息；

5— MDI 键盘：用于机床程序、参数等内容的输入、调用、修改、删除等操作；

6—零件坐标系显示条：用于显示机床运行时的实时零件坐标系位置；

7—机床坐标系显示条：用于显示机床运行时的实时机床坐标系位置；

8—运行程序索引行：用于显示自动加工中的程序和当前程序段号；

9—机床运行状态提示行：用于提示机床当前的工作方式、机床状态、时间等信息

2）打开系统 24V 供电开关（按下机床面板上绿色的圆形按键）；

3）松开机床急停开关（沿着箭头方向旋转，直至开关弹出）；

4）进行机床回零操作（按下回零按键，分别按 x、z 轴，直至回零指示灯亮）。

（2）关机操作

1）机床返回零点位置（按下回零按键，分别按 x、z 轴，直至回零指示灯亮）；

2）按下急停按钮（轻按急停按键，机床出现急停报警）；

3）关闭系统电源（按下机床面板上绿色的圆形按键）；

4）关闭机床外部电源（将机床左侧的旋钮开关旋至 OFF）。

2.8.2.2 机床的手动操作：

(1) 坐标轴移动

1) 手动进给：按下手动按键，指示灯亮，机床手动工作模式激活。可以手动移动机床坐标轴：按压“+X”或者“-X”，x 轴产生正向或者负向连续移动。松开按键，x 轴将减速并停止移动。同样操作方法可以移动 z 轴，若同时按住两个坐标轴按键，机床坐标轴将连续移动两个坐标轴，称为两轴联动。

2) 手动快速移动：在机床手动移动时，同时按下中间的快进按键（指示灯亮），则相应的坐标轴会快速移动。

3) 手动进给移动时，按压进给修调按键的“+”或“-”，可以实现速度的调整。每按一下，按10%进行调整。同理，在手动快速移动时，也可通过按压快速修调的“+”或“-”来进行速度的调整。其中进给修调调整范围为0~200%，而快速修调调整范围为0~100%。

4) 增量进给：按下一次增量按键（指示灯亮），机床增量模式被激活。可以增量移动机床坐标轴：按压“+X”或者“-X”键，x 轴产生正向或者负向移动一个增量值。再按一下，x 轴将继续移动一个增量值。同样操作方法可以移动 z 轴，若同时按住两个坐标轴键，机床坐标轴将移动两个坐标轴移动一个增量值。而增量值的大小有面板上的“X1”“X10”“X100”“X1000”四个倍率按键来控制。

5) 手摇进给：按下两次增量按键（可以通过不同次数在增量和手摇模式下切换），激活手摇轮模式；按压“+X”或者“-X”选择 x 轴，然后均匀地旋转转轮进行坐标轴移动。手摇轮转动一格代表一个增量值。增量值的大小通过面板上的“X1”、“X10”、“X100”、“X1000”四个倍率按键来控制。同理，也可以进行 z 轴的手摇移动操作。

(2) 主轴控制

1) 主轴点动：在手动模式下，按主轴点动按键，主轴电机会以一定的转速瞬时转过一定的角度。

2) 主轴正反转和停止：在手动模式下，按主轴正转或者反转按键，对应的转向指示灯亮；同时，主轴将以默认的转速在转动。在主轴旋转的时候，按下主轴停止按键，主轴将停止转动。

3）主轴的转数修调：在主轴转动时，通过面板上的主轴转动倍率“+”或“-”可以调整主轴转速，每按一下，按10%进行调整。调整范围为：50%~150%。

（3）机床锁住

机床锁住：在机床手动模式下，按下机床锁住按键（指示灯亮），机床所有运动将被停止。此操作主要用于程序模拟的时候，注意在自动状态下按压机床锁住按键无效。

（4）其他手动操作

1）刀位转化：在手动状态，按压一下刀位选择按键，可以选择所要的刀架刀位；然后按压一下刀位转换按键，可以将选择的刀位转换出来。

2）冷却液的开启与关闭：在手动状态下，通过按压冷却液按键，可以实现冷却液的开停。当指示灯亮时，表示开启；不亮，表示关闭。

（5）手动数据输入MDI模式（图2-19）

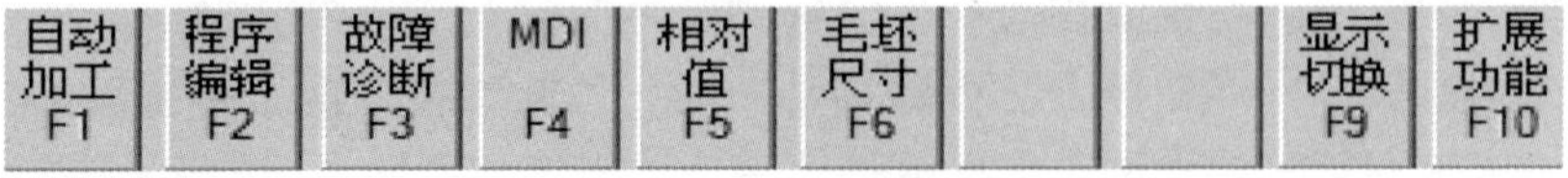

自动加工 F1	程序编辑 F2	故障诊断 F3	MDI F4	相对值 F5	毛坯尺寸 F6			显示切换 F9	扩展功能 F10

图2-19 MDI模式图

在图2-19主操作界面中，按F4进入MDI功能子菜单，系统进入MDI缺省运行方式。可以在MDI行输入并执行一段G代码指令段。

MDI可以一次输入一个指令字，也可以一次输入多个指令字。例如输入G00 X100 Z100；按ENTER键，确认输入。若输入有误，可以用MDI键盘上的BS键、方向键来进行修改。

完成输入后，可以按一下机床操作面板上的“循环启动”按键运行。

当MDI程序段在运行时，如果要停止运行，可以按MDI键停止运行。若要清除MDI数据，可以按“MDI”清除，那么原先输入的数据都被清除了记忆，可以重新输入。

2.8.3 程序输入与文件管理

2.8.3.1 程序的选择与删除：

（1）程序的选择：在主操作界面中，按 F1 进入程序功能子菜单，命令行如图 2-20 所示。再按 F1 键进入选择程序界面，通过“▲”“▼”两个方向键来选择存储器中的程序，按 Enter 键可打开选中的程序。存储器有电子盘、DNC、USB 和网络四种模式可切换，如图 2-21 所示。

其中电子盘是默认的程序存储器。USB 用于外接的快捷式存储设备，DNC 用于在线传输加工。

图 2-20 程序选择命令行图

（2）程序的删除：而进入程序选择界面，通过“▲”“▼”两个方向键来选择存储器中的程序，按 Del 键并选择“Y”或“N”，可将选择的程序进行删除。

2.8.3.2 程序的编辑、新建与保存

（1）程序的编辑：在主操作界面中，按 F1 键进入程序功能子菜单，再按 F2 键进入当前程序编辑界面，如图 2-22 所示。

通过 MDI 键盘上的字符按键进行程序更改操作。主要字符功能按键有：

1）Del 键：删除光标后的一个字符。

2）Pgup 键：翻页键，使程序向程序头滚动一屏；若到了程序头，则移至第一个字符。

3）Pgdn 键：翻页键，是程序向程序尾滚动一屏；若到了程序尾，则移至最后个字符。

4）Bs 键：删除光标前的一个字符。

（2）程序的新建：在进入程序功能子菜单后，按 F3 键可以进行

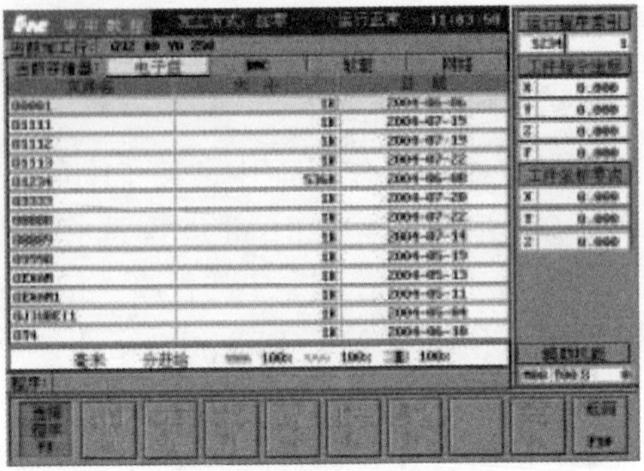

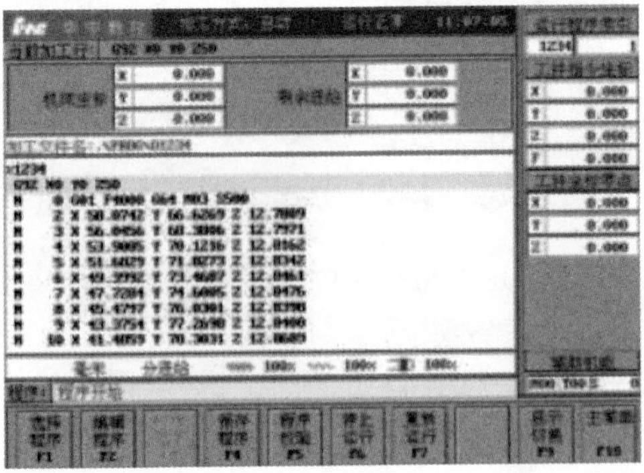

图 2-21 选择程序界面图

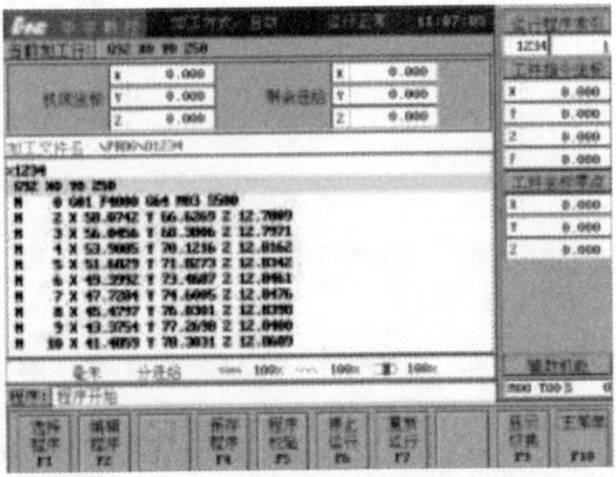

图 2-22 程序编辑界面

程序建立操作。按新建程序，在提示菜单中输入“新程序名”，按Enter键，就可以编辑新建的程序了。如图2-23所示。

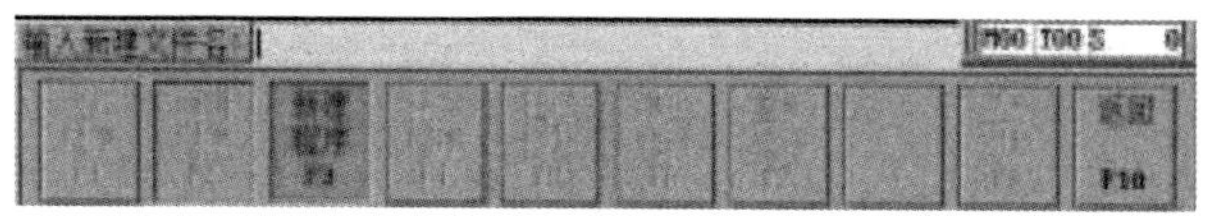

图2-23 程序新建

（3）程序的保存：完成对程序的编辑后，按提示菜单中的保存按键，输入需要保存的程序名称。按Enter键，可以对程序进行保存。如图2-24所示。

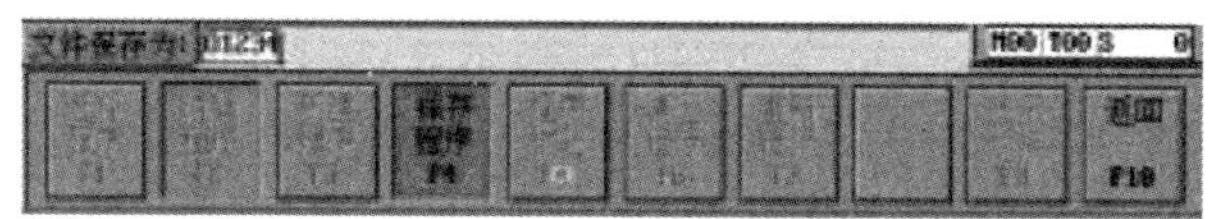

图2-24 程序保存

上述为华中系统数控车床的系统简介与键盘功能，FANUC系统数控车床与华中系统数控车床基本一致，就不一一介绍了。

2.9 数控车床实训过程中的具体操作步骤

2.9.1 华中系统数控车床操作步骤

（1）开机

机床左侧大旋钮旋至ON→抬起红色急停按键→按下绿色数控系统启动按钮。

（2）回参考点

回参考点 → +X → +Z →机床坐标系中x、z数值必须回零。

（3）上料。夹盘爪外面零件露出规定长度，夹紧后，夹盘扳手一定要拿下来，放回行程开关上面。

（4）输入程序（如果没有程序）

主菜单→新建程序→输入文件名 O # # # #→ENTER→%1→M03S500T0101→……→M30→保存程序→ENTER。

修改程序的步骤：

1）如果保存前发现有错：配合使用BS和上下左右箭头↑↓←→进行修改；修改结束后，一定要保存程序→ENTER。

2）如果保存以后发现有错：停止运行→Y→配合使用编辑程序和BS上下左右箭头↑↓←→进行修改；修改结束后，一定要保存程序→ENTER。

（5）调入程序（如果有程序）

主菜单→程序→选择程序→pgdn移动上下光标键查找 OXXXX→ENTER。

（6）程序校验

扩展菜单→主菜单→程序→程序校验→手动→机床锁住→显示切换→自动→循环启动（绿）。

1）如果程序没有问题，则点机床锁住→显示切换。

2）如果发现提示有问题，则点停止运行→Y→返回，返回到程序，再点编辑进行修改。

（7）运行

自动→循环启动（绿）

（8）再上料：同步骤（3）

（9）再运行：同步骤（6）第二个程序。重复上面步骤（4）~（8）。

（10）尺寸误差补偿方法

主菜单→程序→刀具补偿→刀偏表在对应刀具号行的 X 磨损下方填补偿值，如果尺寸偏小，则数值加大；如果尺寸偏大，则数值减去。

（11）手动移动刀架方法

手动→+X→+Z。

注意：刀架的运动位置，不要超程。

2.9.2 FANUC系统数控车床操作步骤

（1）开机。

竖起机床后面大旋钮→抬起红色急停按钮→系统启动（白）。

（2）启动机床。

MDI→PROG→M03 S300；→INSERT→↑→循环（白）→手动→停止。

（3）上料：夹盘爪外面零件露出规定长度。

夹紧后，夹盘扳手一定要拿下来，放回行程开关上面。

（4）输入程序（如果没有程序）。

编辑→PROG→键盘输入 OXXX×→INSERT→；→INSERT→M03S500T0101；→INSERT……M30；→INSERT。

程序的修改：

第一种方法：光标放在错误的字段上→DELETE→输入正确的字段→INSERT。

第二种方法：光标放在错误的字段上→输入正确的字段→ALTER。

（5）调入程序（如果有程序）。

编辑→PROG→DIR→键盘输入 OXXXX；→检索。

（6）检查程序，再次修改。

（7）执行程序。

RESET→自动→循环（白）

（8）再上料：同步骤（3）。

（9）再执行：同步骤（5）。

(10) 输入或调用第二个程序：同步骤 (4)～(6)。

(11) 尺寸误差补偿方法。

OFS/SET→补正→磨耗→在刀补号和 X 的交汇处输入补偿值（正大，负小）→INPUT。

(12) 关机。

系统停止（红）→按下红色急停按钮→旋转机床后面大旋钮至水平。

(13) 手动移动刀架方法。

手动→+X→+Z

注意：刀架的运动位置，不要超程。

2.10 数控车床工作坐标系建立的方法

(1) 华中系统数控车床

1) 车右端面→刀具不动→在数控操作面板上 Z 下方输入 0→ENTER。

2) 车外圆→向右退刀→主轴停止→工具→测量出直径值→在数控操作面板 X 下方输入测量的直径值→ENTER。

3) 换第二把刀→零件的右下角对准刀具的左上角→在数控操作面板上 Z 下方输入 0→在数控操作面板 X 下方输入测量的直径值→ENTER。

(2) FANUC 系统数控车床

1) 车右端面→刀具不动→在数控操作面板上输入 Z0→测量（软键）。

2) 车外圆→向右退刀→主轴停止→工具→测量出直径值→在数控操作面板上输入 X＊＊＊（测量的直径值）→测量（软键）。

3) 换第二把刀→零件的右下角对准刀具的左上角→输入 Z0→测量（软键）→输入 X＊＊＊（测量的直径值）→测量（软键）。

2.11 实 习 内 容

2.11.1 综合零件 1 加工（以华中系统为例编制程序）

加工图 2-25 中综合表面并切断。

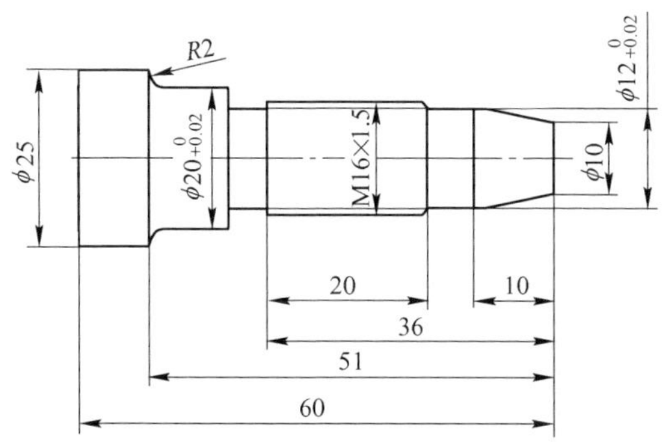

图 2-25 综合零件 1

（1）实习目的

1）掌握数控车床手动加工的基本操作。

2）了解常用测量工具的使用方法。

3）掌握 G00、G01、G80、G82 等的编程方法。

（2）实习要求

1）认识机床的坐标系。

2）正确装、卸刀具和零件。

3）游标卡尺等的正确使用。

（3）实习条件

1）华中系统数控车床。

2）零件图。

3）毛坯（规格：45 号钢，$\phi30$mm，$l=61$mm）。

4）数控外圆车刀，切断车刀，螺纹车刀各一把。

5）游标卡尺、钢板尺等测量工具。

（4）实习内容

1）练习使用工器具。

2）零件装夹。

3）机床开机，回参考点，建立机床坐标系。

4）安装刀具。

5）建立零件坐标系。

6）输入程序。

7）加工零件。

（5）参考程序

```
%1
M03 S500 T0101
G00 X35 Z0
G01 X0 Z0 F70
G00 X32 Z2
G80 X26 Z-65
G80 X23 Z-49
G80 X21 Z-49
G80 X17 Z-41
G80 X13 Z-16
G01 X0 Z0
X10
X12 Z-10
Z-16
X14
X16 Z-17
Z-41
X20
Z-49
G02 X24 Z-51 R2
G01 X25
Z-66
X32
G00 X100 Z100
T0202 S300 F25
G00 X22 Z-41
G01 X14
X22
G00 X100 Z100
T0303 S200
G00 X18 Z-13
G82 X15.2 Z-38 F1.5
G82 X14.6 Z-38 F1.5
G82 X14.2 Z-38 F1.5
G82 X14.04 Z-38 F1.5
G00 X100 Z100
T0202 S300 F25
G00 X32 Z-64
G01 X0
G00 X32
M05
G00 X100 Z100
T0101
M30
```

2.11.2 综合零件 2 加工（以 FANUC 系统为例编制程序）

加工图 2-26 中零件。

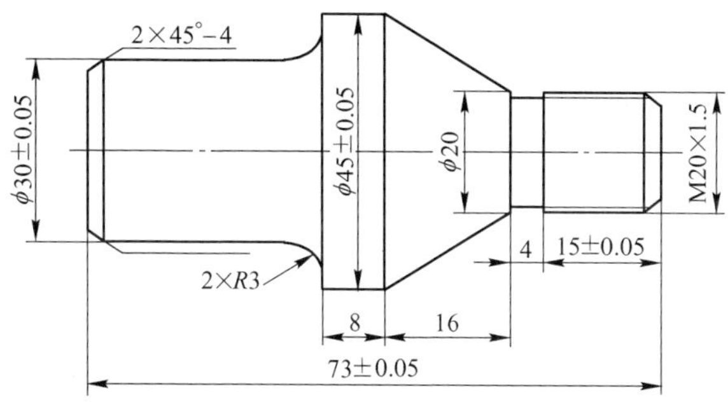

图 2-26 综合零件 2

（1）实习目的

1）掌握数控车床加工的基本操作；

2）熟练掌握毛坯切削的使用条件及编程方法；

3）能够合理安排加工路线及选择切削用量，提高加工质量；

4）熟悉、掌握机床的坐标系建立方法。

（2）实习要求

1）熟悉机床的坐标系；

2）正确装、卸刀具和零件；

3）游标卡尺等的正确使用。

（3）实习条件

1）FANUC 系统数控车床；

2）零件图；

3）毛坯（规格：ϕ47mm，$l=74$mm）；

4）数控外圆车刀、切断车刀、螺纹车刀各一把；

5）游标卡尺、钢板尺等测量工具。

（4）实习内容

1）练习使用工器具；

2）零件装夹；

3）机床开机，回参考点，建立机床坐标系；

4）安装刀具；

5）建立零件坐标系；

6）输入程序；

7）加工零件。

（5）难点。此为掉头件加工，首先加工零件的左侧，然后加工零件的右侧。由于需要掉头加工，所以需要建立两个零件坐标系。

（6）参考程序

1）左侧程序：

```
O4;
M03 S500 T0101;
G00 X50 Z0;
G01 X0 Z0 F0.2;
G00 X50 Z2;
G90 X46 Z-50;
G90 X42 Z-36;
G90 X38 Z-36;
G90 X34 Z-28;
G90 X31 Z-27;
G01 X26 Z0;
G01 X30 Z-2 F0.1;
G01 X30 Z-28;
G02 X34 Z-30 R2;
G01 X45 Z-30;
G01 X45 Z-50;
G00 X100 Z100;
M05;
M30;
```

2）右侧程序：

```
O5;
M03 S500 T0101;
G00 X50 Z0;
G01 X0 Z0 F0.2;
G00 X50 Z2;
G90 X43 Z-35;
G90 X39 Z-30;
G90 X35 Z-25;
G90 X31 Z-22;
G90 X28 Z-20;
G90 X24 Z-20;
G90 X21 Z-20;
G01 X16 Z0;
G01 X20 Z-2 F0.1;
G01 X20 Z-19;
G01 X45 Z-35;
G00 X50;
G00 X100 Z100;
T0202 S300 F0.05;
G00 X22 Z-19;
G01 X17 Z-19;
G01 X21 Z-19 F0.1;
```

```
G00 X100 Z100;
T0303 S300;
G00 X22 Z3;
G92 X19.2 Z-17 F1.5;
G92 X18.6 Z-17 F1.5;
G92 X18.2 Z-17 F1.5;
G92 X18.04 Z-17 F1.5;
G00 X100 Z100;
M05;
M30;
```

3 数控铣床实训

3.1 数控铣床概述

数控铣床是一种用途广泛的机床，一般分为立式铣床与卧式铣床两种。普通数控铣床没有刀库和自动换刀功能。通常数控铣床多采用两轴半联动和三轴联动，若增加一个回转坐标，即增加一个数控分度头或数控回转工作台，则这种机床称为四轴驱动数控铣床，它可以加工螺旋槽、叶片等立体曲面零件。对于某些高档的数控铣床，还可实现五轴（或五轴以上）的联动。

我们使用的机床为 XKA714B/A 型数控铣床。

型号含义：X 类别（铣床），K 数控，A 北京第一机床厂，71 组别（立式床身铣床），4 表示工作台面宽度 400mm，B 表示第二次改进；A 表示西门子系统。

工作台行程　x：600mm；y：450mm；z：500mm。

工作台 T 形槽数：5；工作台槽宽：18mm；工作台槽间距离：90mm。

目前，生产及教学用的数控系统的种类繁多，性能差异很大。我们实训主要是以西门子 802D 系统为例进行的，如图 3-1 所示。

SINUMERIK 802D 数控系统是德国西门子公司生产的新一代高性能、低价位的全数字化数控系统。从编程部分来看，802D 实为 810D/840D 系统的简化版，但

图 3-1　XKA714B/A 数控铣床
（西门子 802D 系统）

其系统价位大大低于 810D/840D 数控系统，一般只使用于中、小型的数控机床。

操作者除了应该掌握好数控机床的性能及操作外，一方面要管好、用好和维护好数控机床；另一方面还必须养成文明生产的良好工作习惯和严谨的工作作风，应具有较高的职业素质、责任心和良好的合作精神。

3.1.1 XKA714B/A 数控铣床的组成

铣床主机：包括机械部分——床身、主轴箱、刀架等，用以完成对零件的加工。

主机由床身底座、立柱（床身）、主轴箱、工作台底座（滑座）、工作台、进给箱、液压系统、润滑系统、冷却系统组成。该铣床电柜和吊挂安装在立柱右侧，机电一体化设计，整体装运，安装方便。此机床工作台无升降运动。垂向（z 向运动是安装在床身上的主轴箱沿床身的导轨做上下运动，工作台做纵向（x 向）运动，并与工作台底座一起作横向（y 向）运动。因工作台无升降运动，故承载量较大。

数控装置：输入、编辑数控指令，它是核心（专用工业用控制计算机）。

驱动装置：切削工作的动力部分，控制主机按指令运动。

辅助装置：完成冷却润滑排屑照明等功能。

3.1.2 数控铣削加工特点

数控铣床主要用于加工平面和曲面轮廓的零件，还可以加工复杂型面的零件，如凸轮、样板、模具、螺旋槽等。

数控铣床的加工特点主要体现在其“数控”的各种功能上，加上完善的机械机构，具有以下加工特点：

（1）质量稳定；

（2）加工灵活，通用性强；

（3）工序集中；

（4）加工生产率高；

（5）减轻了操作者的劳动强度，改善了劳动条件。

3.1.3 数控铣削的工作原理

首先根据零件图纸、结合工艺进行程序编制，然后通过键盘或其他输入设备输入数控系统后，再经过调试、修改，最后储存起来。加工零件时，根据所储存的程序，由数控装置控制机床执行机构的各个动作（如机床的旋转、启停，进给运动的方向、速度、位移大小等），使刀具和零件及其他辅助装置严格地按程序规定的顺序、路径、参数进行运动，从而加工出符合要求的机械零件。

3.1.4 铣床的应用范围和刀具的选择

（1）应用范围：铣床用来加工各类平面、沟槽、成型面、螺旋槽、齿轮和其他特殊型面，也可以进行钻孔、镗孔、铰孔。机床适用面广，可以组成各种往复循环、框式循环，可以实现三坐标联动，可进行直线插补、圆弧插补，适用于钻孔、镗孔及铣削具有复杂曲面轮廓的工件，如凸轮、样板、叶片、弧形槽等，尤其适用于模具加工。

（2）刀具的选择：加工曲面类零件时，为了保证刀具切削刃和加工轮廓在切削点相切，而避免刀刃与工件轮廓发生干涉，一般采用球头刀，粗加工用两刃铣刀，半精加工和精加工用四刃铣刀。

铣较大平面时，为了提高效率和提高加工表面粗糙度，一般采用刀片镶嵌式盘型铣刀。

铣小平面或台阶面时，一般采用通用铣刀。

铣键槽时，为了保证槽的尺寸精度，一般用两刃键槽铣刀。

3.2 数控铣床编程基础

3.2.1 机床坐标系和参考点

3.2.1.1 机床坐标轴

数控机床的坐标系采用笛卡儿坐标系。为编程方便，对坐标轴的名称和正负方向都有统一规定，符合右手法则。无论是哪一种数控机床，都规定 z 轴作为平行于主轴中心线的坐标轴。

3.2.1.2 机床原点、参考点及机床坐标系

（1）机床原点又称机械原点，它是机床坐标系（MCS）的原点。该点是机床上的一个固定点，其位置是由机床设计和制造单位确定的，通常不允许用户改变。机床原点是零件坐标系、机床参考点的基准点。

（2）机床坐标系（MCS），是最基本的坐标系，它是用来确定零件坐标系的基本坐标系，是由机床原点为坐标系原点建立起来的 x、y、z 轴直角坐标系。

（3）机床参考点，是设置机床坐标系的一个基准点，通常设置在机床各轴靠近正向的极限位置。机床参考点与机床原点的相对位置由机床参数设定，因此，机床开机时必须先进行回机床参考点操作，这样才能确定机床原点的位置，从而建立起机床坐标系。

机床参考点已由机床制造厂家测定后通过参数设定，输入数控系统，一般不需要更改；特殊情况下需要更改时，必须注意该点与机床极限位置的安全距离。

一般数控铣床的机床原点、机床参考点位置如图 3-2 所示。当机床返回参考点时，若坐标值显示为零或负数，则机床坐标系中的绝对坐标值均显示为负数。这是因为参考点的位置通常在机床坐标各轴的正向最远方。

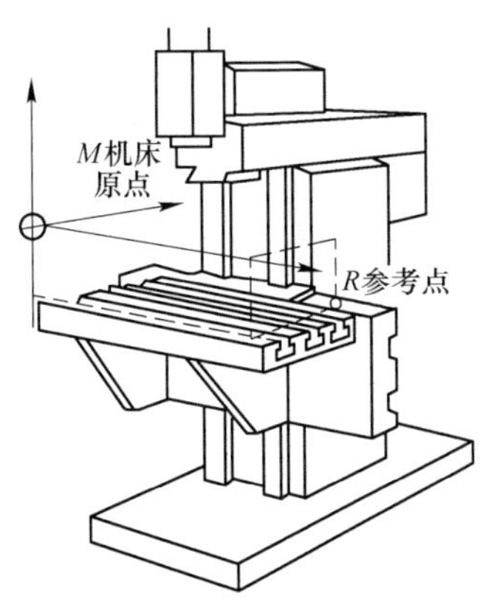

图 3-2 机床原点与参考点的关系

3.2.2 零件坐标系和零件原点

零件坐标系（WCS）实际上是机床坐标系中的局部坐标系（或称子坐标系），在编制零件加工程序时，用于描述刀具运动的位置。与机床坐标系不同，零件坐标系是由编程人员根据具体情况自行选择的。

零件坐标系的原点称为零件原点，也称做零件零点。零件的原点通常设定在零件上某一特定的点上。零件零点一般也是编程零点（或称程序原点），但特殊情况下两点也可不重合。总之，合理地选择编程零点，有时可简化编程，同时也便于编程计算。在数控铣床上

加工零件时，编程零点一般设在进刀方向一侧零件外轮廓表面的某个角上或中心线上，如图 3-3 所示。图 3-4 所示为零件坐标系与机床坐标系的关系。

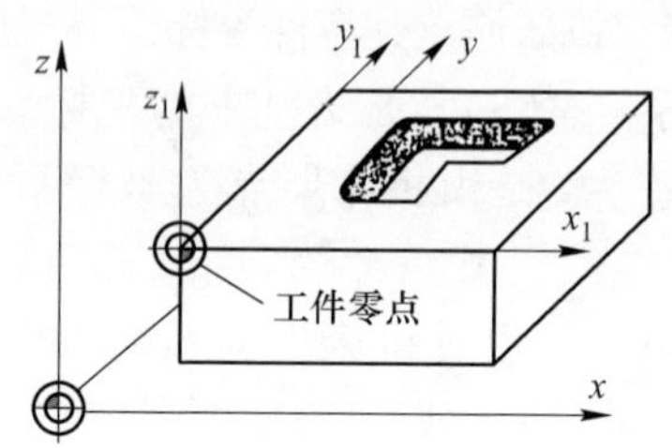

图 3-3 零件零点在机床坐标系的位置

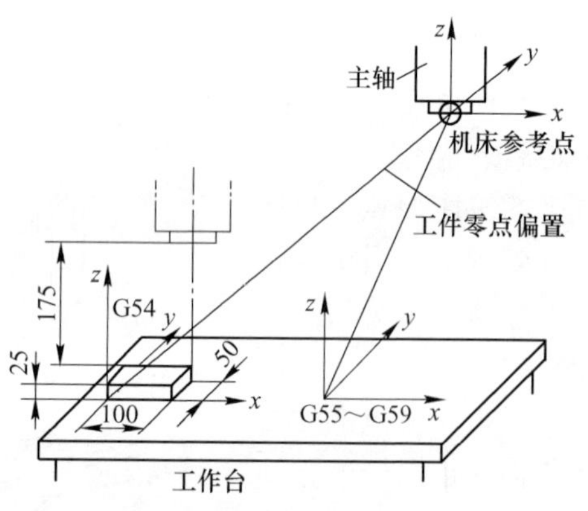

图 3-4 零件坐标系与机床坐标系的关系

3.2.3 刀具运动原则

由于机床类型不同，有的是刀具在运动，有的是工作台进行运动而刀具不执行运动。通常在命名或编程时，不论机床在加工中是刀具移动还是被加工零件移动，都一律假定被加工零件相对静止不动，而刀具在移动，同时规定刀具远离零件的方向作为坐标的正方向。

3.2.4 对刀点和换刀点的选择

对刀点是零件在机床上定位装夹后，设置在零件坐标系中，用于确定零件坐标系与机床坐标系空间位置关系的参考点。对刀点可以设置在零件上，也可以设置在夹具上，但应尽量选择在零件的设计基准或工艺基准上，如图 3-5 所示。

由于数控铣床采用手动换刀，换刀时操作人员的主动性较高，换刀点只要设在零件外面，不发生换刀干涉即可。

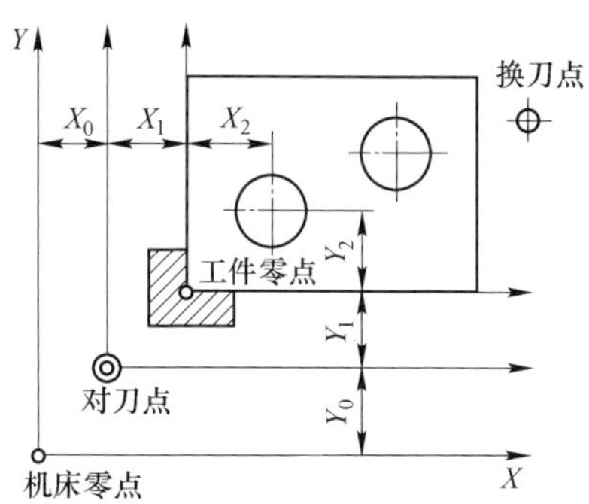

图 3-5 机床零点、零件零点、对刀点和换刀点的关系

3.2.5 数控程序结构及程序段格式

3.2.5.1 程序的结构

一个完整的程序由程序号、程序内容和程序结束三部分组成。例如：

```
SD001                                  (程序号)
N01  G90 G54 G0 X0 Y0 Z50
N10  M3 S400
N20  G1 F200 Z-1                       (程序内容)
N30  F50 X20
N40  X50 Y20
N40  X50 Y20
N50  G0 Z50
N60  M30 (M02)                         (程序结束)
```

(1) 程序号也称程序名，由文件名产生。它是程序的开始部分，作为程序的开始标记，供在数控装置存储器中的程序目录中查找、调用。在西门子 802D 系统中，程序名严禁使用汉字，它最多可由 16 个字符组成，但是，前两个字符一般多为字母，例如：SD001、ZZM008、ABCDEFG。

（2）程序内容是整个程序的主要部分，由许多程序段组成，每个程序段由若干个字组成，每个字又由地址码和若干个数字组成。在程序中能做指令的最小单元是字。程序段中的顺序号可不按顺序编写（例如：N01、N10、N30 等），也可省略不编。

（3）程序结束一般用辅助功能代码 M02（程序结束）和 M30（程序结束，返回程序起点）等来表示。

3.2.5.2 程序段格式

程序段格式是指一个程序段中的字、字符和数据的书写规则。目前常用的程序段格式多为字地址程序段，由行号、数据字和程序段组成。每个字的字首是一个英文字母，称为地址码，各字的排列顺序要求不严格，数据的位数可多可少，不需要的字以及与上一程序段相同的续效字可以不写。该格式的优点是程序简短、直观以及容易检测、修改，故在目前广泛使用。

程序段中有很多指令时建议按如下顺序：

N… G… X… Y… Z… F… S… T… D… M…

字地址程序段格式如下：

N20 G1 X-20 Y50 Z10 F200 S500 T3 M3

3.2.6 准备功能（G 指令）

准备功能又称 G 功能或 G 指令、G 代码，用来指令机床进行加工运动和插补方式的功能。表 3-1 为一台配置西门子 802D 系统的数控铣床常用的准备功能 G 代码表。

表 3-1 西门子 802D 系统常用的 G 代码表

地址	含义	赋值	说明	编程
G0	快速移动		1：快速移动（速度与 F 值无关）	G0 X… Y… Z…

续表 3-1

地址	含义	赋值	说明	编程
G1	直线插补		（插补方式） 模态有效	G1 X… Y… Z… F…
G2	顺时针圆弧插补			G2 X… Y… Z… I… K…；圆心和终点 G2 X… Y… CR = … F…；半径和终点
G3	逆时针圆弧插补			G3….；其他同 G2
CIP	中间点圆弧插补			CIP X… Y… Z… I1 = … J1 = … K1 = … F…
G4	暂停时间		2：程序段方式有效，非模态指令	G4 F… 或 G4 S…； 自身程序段
G40 *	刀具半径补偿方式的取消		7：刀具半径补偿模态有效	
G41	调用刀具左半径补偿，刀具在程序左侧移动			
G42	调用刀具右半径补偿，刀具在程序右侧移动			
G54	第一零件坐标系偏置			
G55	第二零件坐标系偏置			
G56	第三零件坐标系偏置			
G57	第四零件坐标系偏置			
G58	第五零件坐标系偏置			
G59	第六零件坐标系偏置			
G64	连续路径方式			
G90 *	绝对坐标		14：绝对坐标/相对坐标模态有效	
G91	相对坐标			
G94 *	进给单位		进给速度以 mm/min 或 in/min 为单位	

续表 3-1

地址	含义	赋值	说明	编程
G95	进给单位		进给速度以 mm/r 或 in/r 单位	

注：带＊的功能在程序启动时生效（系统自动默认）。除 G4 外，以上代码全为模态有效指令。

在西门子系统中，有些代码的写法与其他系统略有不同。如直线插补指令，在西门子系统中通常用 G1 表示，而 FANUC 系统则用 G01 表示，但这不影响系统的使用。也就是说，在西门子系统中同样可以用 G01 表示。其他代码诸如：G00、G03、M02、M03 等，同样如此。

3.2.7 辅助功能（M 指令）

辅助功能代码用地址字 M 及数字表示，也称 M 功能或 M 指令。它用来指令数控机床辅助装置的接通和断开，如主轴的启停、切削液的开关等。常用的 M 指令功能如下：

（1）M0 程序停止。当执行有 M0 指令的程序段后，不执行下段。相当于执行单程序段操作。当按下操作面板上的循环启动按键后，程序继续执行。

（2）M1 程序选择停止。该指令的作用和 M0 相似，但它必须在预先按下操作面板上“选择停止”按键的情况下，当执行有 M1 指令的程序段后，才会停止执行程序。如果不按下“选择停止”按键，M1 指令无效，程序继续执行。

（3）M2 程序结束。该指令用于控制加工程序全部结束。执行该指令后，机床便停止自动运转，关闭切削液，机床复位。

（4）M03 主轴正转，M04 主轴反转，M05 主轴停止。

对于立式铣床，主轴正反转的判断法则为：主轴轴线向正 z 方向看，顺时针为正转，逆时针为反转，如图 3-6 所示。M05 指令使主轴停止。

（5）M07，M08 切削液开；M09 切削液关。

（6）M30 程序结束，返回程序起点。

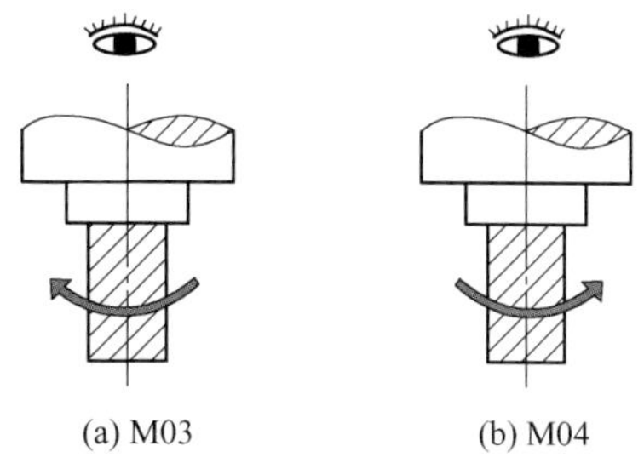

图 3-6　主轴正转与反转

使用 M30 时，除表示执行 M02 的内容之外，还返回到程序的第一条语句，准备下一个零件的加工。在西门子系统编程中，常用 M30 作为主程序的程序结束，用 M02 作为子程序的程序结束。

3.2.8　F、S、T 指令

（1）进给功能代码 F，表示切削进给速度。第一次遇到直线插补（G1）或圆弧插补（G2，G3）时，必须使用 F 代码及其后面数值来指令刀具的进给速度，单位为 mm/min（米制）或 in/min（英制）。例如：米制 F60 表示进给速度为 60mm/min。当用快速进给指令 G0 进行快速定位时，由于快速进给的速度是由系统参数来设定的，所以在程序中不需要指定 F。

1）每转进给量 F：铣刀每回转一周在进给运动方向上相对零件的位移量，单位 mm/r。

2）每齿进给量 F_z：铣刀每转中每一刀齿在进给运动方向上相对零件的位移量，单位 mm/z。

$$F = F_z \times z$$

3）每分钟进给量 V_f：铣刀每回转一分钟在进给运动方向上相对工件的位移量，单位 mm/min。

$$V_f = F \cdot n = F_z \cdot Z \cdot n$$

式中，n 为铣刀转速；z 为铣刀齿数。

（2）主轴功能代码 S，表示主轴转速。用 S 代码及其后面数值来指令主轴转速，单位为 r/min。例如：S600 表示主轴转速为 600r/min 下面公式中 S 用 n 代替。

铣削速度 v_c：铣削时切削刃上选定点在主运动中的线速度。

$$V_c = \Pi \cdot d \cdot n/1000(\mathrm{m/min})$$

式中，d 为铣刀直径，mm；n 为铣刀转速，r/min。

（3）刀具功能代码 T，表示选刀功能。编程 T 指令可以选择刀具，用在加工中心中，在进行多道工序加工时，必须选取合适的刀具。每把刀具应安排一个刀号，刀号在程序中指定。刀具功能用 T 代码及其后面的数字来表示。如 T6 表示选取第 6 号刀具。

（4）刀具补偿号 D。在西门子系统中，一个刀具可以匹配从 1 到 9 几个不同补偿的数据组。另外可以用 D 及其对应的序号设置一个专门的切削刃。如果没有编写 D 指令，则 D1 自动生效。如果编程 D0，则刀具补偿值无效。

例如：T5 D4 表示选择 5 号刀，采用刀具偏置表第 4 组的刀具偏置尺寸。

T7 D0 表示第 7 号刀，没有有效补偿值。

3.2.9　铣削加工工艺

铣刀切削刃每次切入都会受到冲击载荷，为了达到满意的铣削效果，必须考虑在切入和切出处，切削刃和材料保持正确的接触形式。

铣削有顺铣和逆铣两种方式，在圆周铣削加工中，根据铣刀的旋转切入工件方向和切削进给方向之间的关系，可以分为顺铣和逆铣两种。

当铣刀旋转切入工件方向和切削进给方向相反时，称为逆铣。如果铣刀旋转方向与零件进给方向相同，称为顺铣。

（1）在机床、夹具和零件允许的情况下，总是优选顺铣。

（2）在加工余量有较大变化时，使用逆铣可能是有益的。

（3）在使用陶瓷刀片加工耐热合金时，由于陶瓷对零件入口处的冲击敏感，推荐使用逆铣。

因为切入零件时的切削厚度不同，刀齿和零件的接触长度不同，所以铣刀磨损程度不同。实践表明：顺铣时的铣刀耐用度比逆铣时可提高 2~3 倍，表面粗糙度也可降低。但顺铣不宜用于铣削带硬皮的零件。顺铣常用于精铣，尤其是零件材料为铝镁合金、铁合金或耐热合金时。如图 3-7 所示。

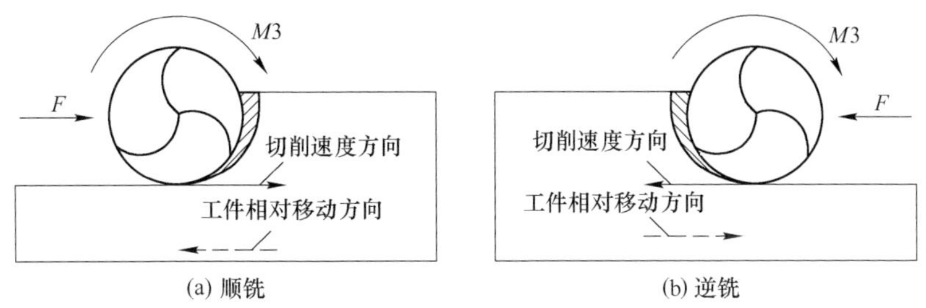

图 3-7 顺铣和逆铣

3.3 数控铣床基本编程方法

3.3.1 选择零件加工坐标系

给出零件零点在机床坐标系中的坐标（零件零点以机床零点为基准偏移）。当零件装夹到机床上后，先求出偏移量，并通过操作面板输入规定的参数。程序可以通过选择相应的 G 功能（G54～G59）激活此值。

例 3-1 加工如图 3-8 所示的 4 个相同零件，用选择零件坐标系来编程，L47 为单一零件的子程序。

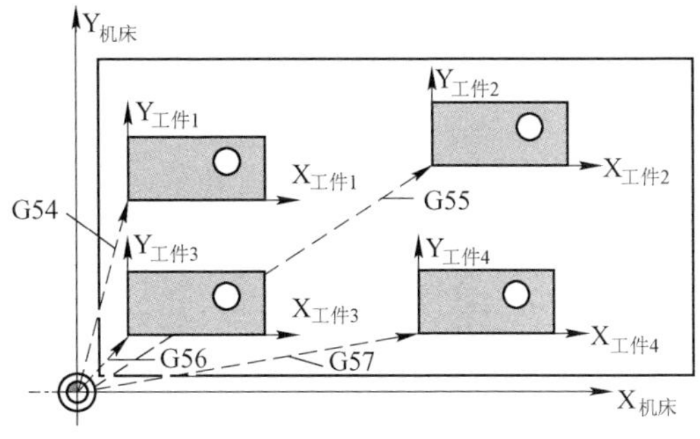

图 3-8 G54～G59 的应用

程序如下：

```
N10 G54 …              ；调用第一可设定零点偏置
N20 L47                ；加工零件 1，此处作为 L47 调用
N30 G55 …              ；调用第二可设定零点偏置
N40 L47                ；加工零件 2，此处作为 L47 调用
N50 G56 …              ；调用第三可设定零点偏置
N60 L47                ；加工零件 3，此处作为 L47 调用
N70 G57 …              ；调用第四可设定零点偏置
N80 L47                ；加工零件 4，此处作为 L47 调用
N90 G500 G0 X …        ；取消可设定零点偏置
```

3.3.2 绝对值与增量值编程（G90、G91）

G90 和 G91 指令分别对应着绝对位置数据输入和增量位置数据输入。绝对值是以“程序原点”为依据来表示坐标位置的。增量值是以“前一点”为依据来表示两点间实际的向量值（包括距离和方向）的。在同一程序中，增量值与绝对值可以混合使用。

绝对值指令格式：G90 X_ Y_ Z_ ；

增量值指令格式：G91 X_ Y_ Z_ ；

例 3-2 如图 3-9 所示，假设铣刀已定位至 *H* 点，接着沿 *A*→*B*→*C*→*D*→*E*→*F*→*G*→程序原点→*A* 点，完成轮廓切削加工。

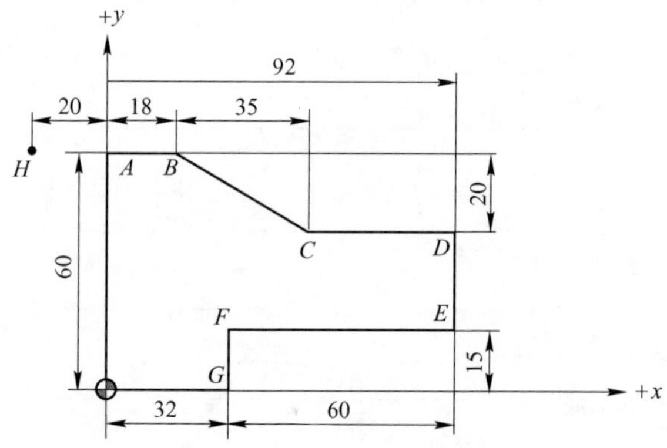

图 3-9 G90 和 G91 的应用

程序如下：

```
G90 G01 X18 F100      ; H → B，用绝对值表示。
G91 X35. Y -20        ; B → C，用增量值表示。
G90 X92               ; C → D，用绝对值表示。
Y15                   ; D → E，用绝对值表示。
G91 X -60             ; E → F，用增量值表示。
Y -15                 ; F → G，默认用增量值表示。
X -32                 ; G→程序原点，理由同上。
Y60                   ; 程序原点→A，理由同上。
```

3.3.3 基本移动指令

3.3.3.1 快速定位指令（GO）

格式：GO　X_　Y_　Z _

功能：刀具以快速移动速度，从刀具当前点移动到目标点。它只是快速定位，无运动轨迹要求。GO 移动速度是机床参数设定的空行程速度，与程序段中的进给速度无关。

3.3.3.2 直线插补指令（G1）

格式：G1　F80　X_　Y_　Z_

功能：刀具以直线从起始点移动到目标坐标，按 F 设置的进给速度运行；所有的坐标轴可以同时运行。G1 一直有效，直到被 G 功能组中其他的指令（G0，G2，G3，…）取代为止。图 3-10 为直线插补实际加工轨迹。

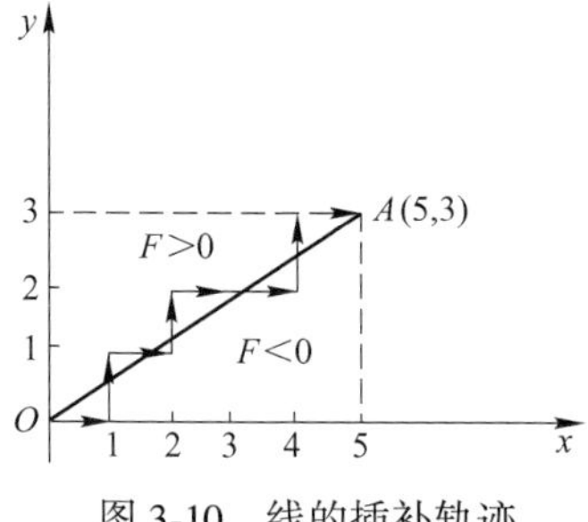

图 3-10　线的插补轨迹

例 3-3 加工如图 3-11 图形的外轮廓线，深度 12mm。

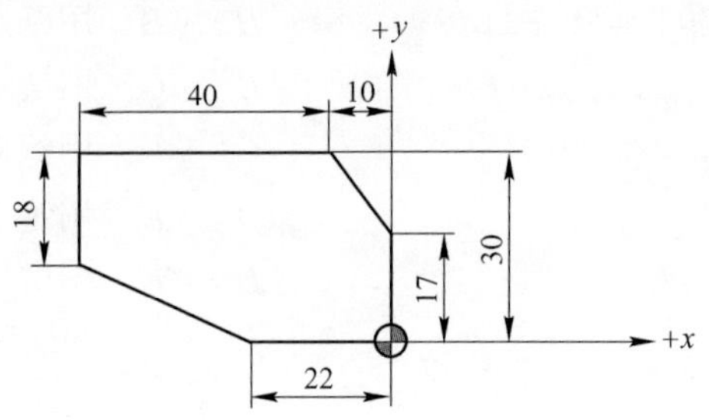

图 3-11 G0 和 G1 的应用

程序如下：

```
N05 G0 G90 X0 Y0 Z20 S500 M3；刀具快速移动到零件原点，主轴转速 500r/min，顺时针旋转。
N10 G1 Z-12 F100            ；进刀到 Z-12，进给率 100mm/min
N15 Y17                     ；直线插补 Y17mm，x 值默认
N20 X-10 Y30                ；
N25 G91 X-40                ；转换为相对坐标，向左移动 40mm
N30 Y-18                    ；
N35 G90 X-22 Y0             ；转换为绝对坐标，移动到（-22，0）处
N40 X0                      ；回到零件原点处
N45 G0 Z100 M2              ；快速移动空运行提刀 100mm，程序结束
```

3.3.3.3 圆弧插补指令（G2、G3）

格式： G2/G3 X… Y… I… J…

圆心和终点（I、J 分别是圆心相对于圆弧起点的 x 和 y 坐标，编整圆时也只能用此方式）

G2/G3 CR=… X… Y…

半径和终点（当圆弧大于半圆时，CR 取负值）

G2/G3 AR=… X…Y…　　　　；张角和终点

功能：刀具以圆弧轨迹从起始点移动到终点，方向由 G 指令确定：

G2　顺时针方向

G3　逆时针方向

从以上编程格式可以看出，在对一段圆弧进行编程时，必须首先确定好圆弧的旋向和圆弧的起点坐标及终点坐标，同时还需要增加一个附加条件，即圆心的坐标、半径的大小以及张角的大小三者之一。G2 和 G3 一直有效，直到被 G 功能组中其他的指令（G0，G1）取代为止。

例 3-4　用圆心和终点定义的方式，对如图 3-12 所示的图形进行编程。

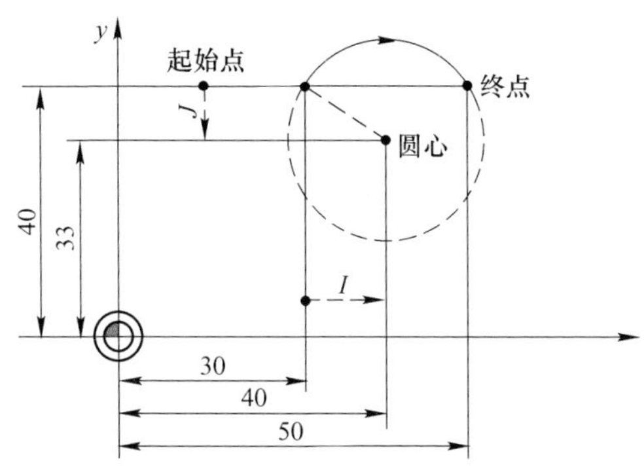

图 3-12　圆心和终点的定义

程序如下：

```
N50 G90 X30 Y40          ; 用于 N60 圆弧的起始点
N60 G2 X50 Y40 I10 J-7;  顺时针圆弧，终点和圆心的坐标
N70 G0 Z20               ; 取消 G2，以 G0 速度快速提到
```

说明：圆心值与圆弧起始点相关。

例 3-5　用半径和终点定义的方式，对如图 3-13 所示的图形进行编程。

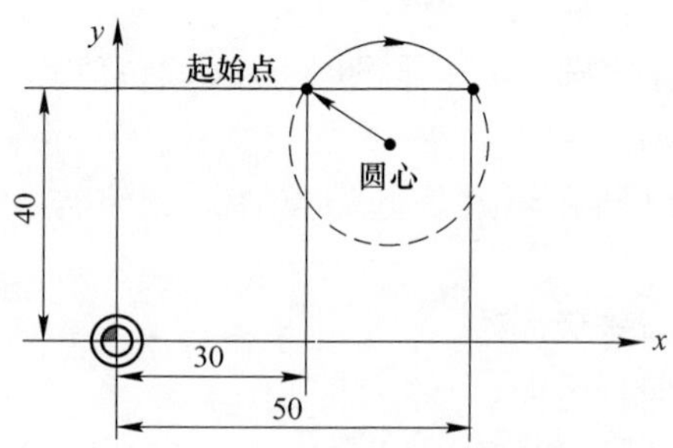

图 3-13 半径和终点的定义

程序如下：

N5 G90 X30 Y40	；用于 N10 的圆弧起始点
N10 G2 X50 Y40 CR=12.207	；终点和半径
N70 G0 Z20	；取消 G2，以 G0 速度快速提到

说明：若 CR 数值前带负号“-”表明所选插补圆弧段大于半圆。

例 3-6 用张角和终点的定义方式对图 3-14 进行编程。

程序如下：

N20 G0 G90 X30 Y40 Z20	；刀具快速移动到圆弧起的正上方 20mm 处
N30 G1 Z-5 F100	；进刀到 Z-5，进给率 100mm/min
N40 G2 X50 Y40 AR=105	；张角和终点的定义
N50 G0 Z50	

通过中间点的圆弧插补 CIP

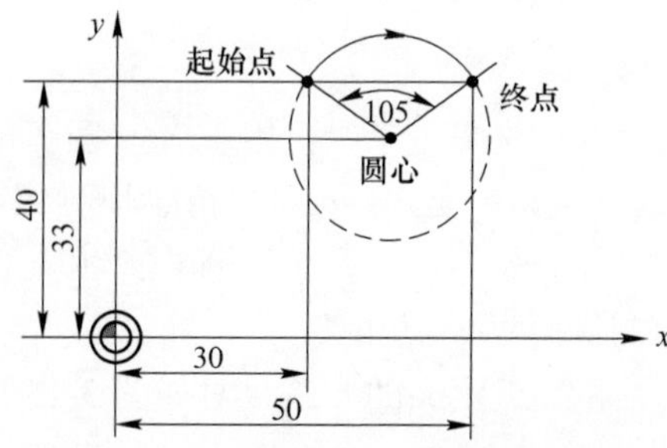

图 3-14 张角和终点的定义编程

在有些数控系统中，常用 G05 表示通过中间点的圆弧插补；而在西门子 802D 系统中，则用 CIP 表示该指令。

如果不知道圆弧的圆心、半径或张角，但已知圆弧轮廓上三个点的坐标，则可以使用 CIP 功能，通过起始点和终点之间的中间点位置确定圆弧的方向。

CIP 一直有效，直到被 G 功能组中其他的指令（G0，G1，G2，…）取代为止。

例 3-7 如图 3-15 所示，采用中间点和终点进行圆弧编程。

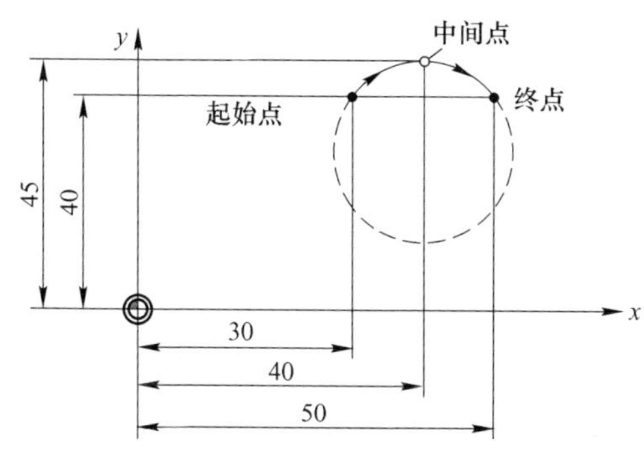

图 3-15 采用中间点和终点的圆弧编程

程序如下：

```
N5   G90 X30 Y40              ; 用于 N10 的圆弧起始点
N10 CIP X50 Y40 I1=40 J1=45   ; 终点和中间点
```

3.3.4 刀具补偿

刀具补偿是指刀具长度补偿和刀具半径补偿。

3.3.4.1 刀具长度补偿

格式：G1 F80 X35 Y45 T1 D1　；调用 T1 号刀的 D1 号补偿值（如长度补偿）

例 3-8 如图 3-16 所示，调用两把刀具的方式编程。

程序如下：

```
N20 G0 G90 X30 Y40 Z20 T1 D1 ; 刀具 1 补偿值生效（长度补偿）
```

```
N30 G1 Z-1 F100                ; 进刀到 Z-1，进给率
                                 100mm/min
N40 X40 Y30
N50 G0 Z150                    ; 快速提刀 150mm
N60 M00 M5                     ; 程序暂停，手动换 2 号
                                 刀，再按循环启动键
N70 S1000 M3                   ; 继续执行程序，调用刀
                                 具 2，主轴正转
N80 G0 X80 Y40 Z20 T2 D1       ; T2 中 D1 值生效
N90 G1 Z-10
N100 G0 Z50
```

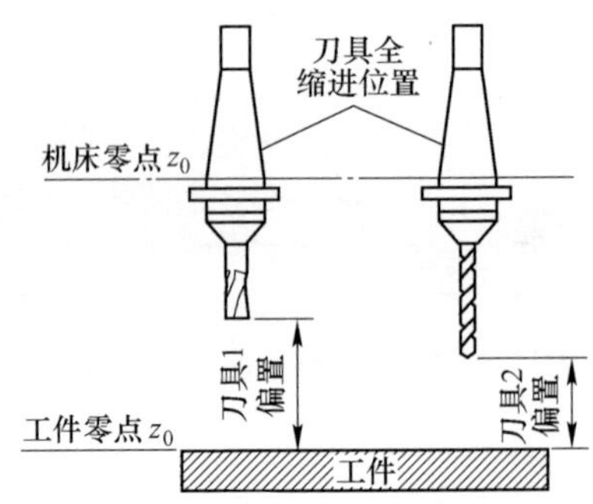

图 3-16 刀具长度补偿

3.3.4.2 刀具半径补偿（G41、G42）

刀具半径补偿分为左刀具半径补偿（如图 3-17 所示）和右刀具半径补偿（图 3-18 所示）。刀尖半径补偿由 G41/G42 指令生效，同时，刀具还必须有相应的刀补号才能有效，并通过控制器自动计算出当前刀具运行所产生的与编程轮廓等距离的刀具轨迹。

简单区分左刀补和右刀补的方法为：不论刀具如何运动，都始终假定刀具的前进方向向上（如图 3-17 所示），若此时刀具在加工表面的左侧，即为左刀补；反之，为右刀补。

格式：G41 G1 F80 X35 Y45 T1 D2 ；左刀补，调用 T1 号刀的 D2 号半径补偿值

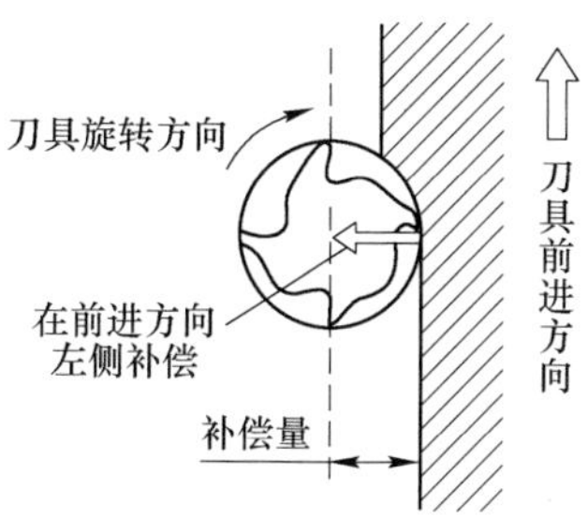

图 3-17 左刀具半径补偿

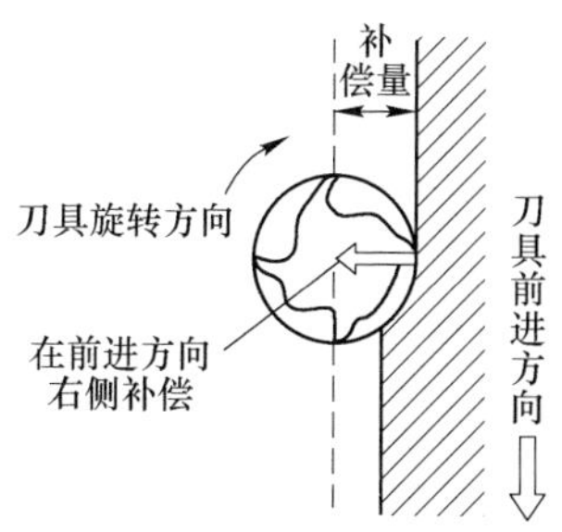

图 3-18 右刀具半径补偿

3.3.4.3 取消刀具半径补偿（G40）

用 G40 取消刀具半径补偿，此状态也是编程开始时所处的状态。在运行 G40 程序段之后，刀具中心到达编程终点。在选择 G40 程序段编程终点时，要始终确保刀具运行不会发生碰撞；只有在线性插补（G0，G1）情况下，才可以取消补偿运行。

格式：G40 X… Y…　　　；取消刀尖半径补偿

编程举例：

```
N100 X…Y…           ；最后程序段轮廓，圆弧或直线，P1
N110 G40 G1 X…Y…；取消刀尖半径补偿
```

3.3.5 子程序调用

原则上讲，主程序和子程序之间并没有区别。子程序的结构也与主程序的结构一样，在子程序最后一个程序段中常用 M02 结束程序运行。子程序不仅可以从主程序中调用，也可以从其他子程序中调用。

3.3.5.1 子程序名称

为了方便地选择某一子程序，必须给子程序取一个程序名。程序名可以自由选取，但必须符合以下规定：

(1) 开始两个符号必须是字母；

(2) 其他符号为字母、数字或下划线；

(3) 最多8个字符；

(4) 其方法与主程序中程序名的选取方法一样，例如：LRAHMEN 7；另外，在子程序中还可以使用地址字 L…，其后的值可以有7位（只能为整数）。

举例：L128 并非 L0128 或 L00128！以上表示3个不同的子程序。

3.3.5.2 子程序调用

在一个程序中（主程序或子程序）可以直接用程序名调用子程序，子程序调用要求占用一个独立的程序段。

举例：

```
N10 L785          ；调用子程序 L785
N20 LRAHMEN7      ；调用子程序 LRAHMEN7
```

3.3.6 其他 G 指令

3.3.6.1 连续路径方式（G64）

连续路径加工方式的目的，就是在一个程序段到下一个程序段 G64 转换过程中，避免进给停顿。

编程举例

```
N10 G64 G1 X…F…      ；连续路径加工
N20 Y…               ；继续
```

3.3.6.2 程序暂停（G4）

通过在两个程序段之间插入一个 G4 程序段，可以使加工中断给定的时间，比如自由切削。G4 程序段（含地址 F 或 S）只对自身程序段有效，并暂停所给定的时间。在此之前编程的进给量 F 和主轴转速 S 保持存储状态。

编程

G4 F… 暂停时间（s）

G4 S… 暂停主轴转数

编程举例：

```
N5 G1 F200 Z-50 S300 M3    ；进给率F，主轴转数S
N10 G4 F2.5                ；暂停2.5s
N20 Z70
N30 G4 S30                 ；主轴暂停30转，相当于在S=300r/min和转速修调100%时，暂停t=0.1min
N40 X…                     ；进给率和主轴转速继续有效
```

注释：G4 S… 只有在受控主轴情况下才有效（同样通过 S… 编程给定转速时）。

3.3.7 系统的其他先进功能

系统型号不同，其先进功能的差异也较大。在西门子 802D 系统中，其他常用的先进功能还有程序跳转功能、运算/算术功能、可编程的零点偏移功能、旋转功能、缩放功能、镜像功能以及固定循环功能等。

3.3.7.1 程序跳转功能

为了控制程序的执行过程，可以借助有条件的程序跳步来实现程序分支。程序转向的目标可以通过跳转标记来指定。

标记名必须由 2~8 个字符组成，标记名后面要跟着冒号“：”，如 ASD：、AA：等。

条件转向语句形式为“IF 条件表达式 GOTOB/GOTOF 跳转标记名”。当条件满足时，程序将跳转到指定目标。

条件表达式所用的条件运算符包括：==（等于）、<>（不等于）、>（大于）、>=（大于或等于）、<（小于）、<=（小于或等于）。

3.3.7.2 运算/算术功能

现在的数控铣床一般都具备运算/算术功能，但因系统的差异，各机床的运算代码又有所不同，表 3-2 为 802D 系统常用的运算代码。

表 3-2 802D 系统常用的运算代码

运算代码	意义	运算代码	意义
+	加	-	减
*	乘	/	除
SIN（）	正弦	COS（）	余弦
TAN（）	正切	SQRT（）	平方根
POT（）	平方	BS（）	绝对值

3.3.7.3 可编程的零点偏移（TRANS、ATRANS）

对于多个相同轮廓的零件进行加工时，可以将该零件的轮廓加工顺序存储在子程序中。可以采用先设定这些零件零点的变换，然后再调用子程序的方法实现这些零件的加工。

格式：N200 TRANS（ATRANS）X… Y… Z… ；必须在单独程序段中编写

说明：TRANS 为绝对指令，ATRANS 为增量指令。

3.3.7.4 可编程旋转（ROT，AROT）

格式：ROT/AROT RPL=… ；必须在单独程序段中编写

3.3.7.5 可编程比例系数（SCALE，ASCALE）

格式：SCALE/ASCALE X… Y… Z… ；必须在单独程序段中编写

3.3.7.6 可编程镜像加工（MIRROR，AMIRROR）

格式：MIRROR/AMIRROR X0 Y0 Z0 ；在单独程序段内编程

3.4 手工编程示例

例 3-9 手工编程示例一（刀具半径补偿的应用）

加工如图 3-19 所示外轮廓面，顺时针运动加工零件，刀为直径 10mm 立铣刀，试编写程序。

解：（1）加工路线：以图中 $A \rightarrow B \rightarrow C \rightarrow D \cdots G \rightarrow A$ 的顺序进行外轮廓加工。刀具半径补偿 D1 粗加工时可取 5.1mm，方向为左刀补。

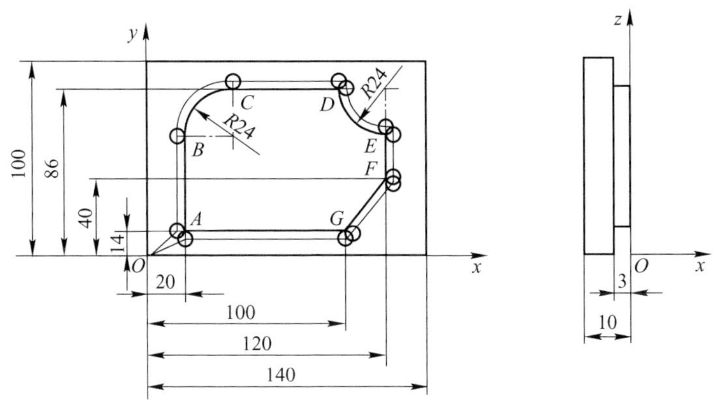

图 3-19 外轮廓面

全部切削完成后，修改刀具补偿 D1 的数值进行精加工调整。

（2）零件坐标系如图 3-19 所示 xOy。

（3）轨迹点计算，坐标见下表。

轨迹点	x 轴坐标	y 轴坐标	轨迹点	x 轴坐标	y 轴坐标
A	20	14	E	120	62
B	20	62	F	120	40
C	44	86	G	100	14
D	96	86			

（4）程序如下：

BJBS001 （程序名）

```
N010 G54 G90 G64 S1000 M3 T1 D1   ；选择零件坐标系，其零件零点为O点
N020 G0 X0 Y0 Z20                 ；刀具快进至（0，0，20）
N030 G1 Z-3 F100                  ；直线插补，下刀深3mm
```

```
N040 G41 X20 Y14                ；建立左刀补 O→A
N050 Y62                        ；直线插补 A→B
N060 G2 X44 Y86 AR=90           ；圆弧插补 B→C
N070 G1 X96                     ；直线插补 C→D
N080 G3 X120 Y62 AR=90          ；圆弧插补 D→E
N090 G1 Y40                     ；直线插补 E→F
N100 X100 Y14                   ；直线插补 F→G
N110 X20                        ；直线插补 G→A
N120 G40 X0 Y0                  ；取消刀补 A→O
N130 G0 Z100                    ；刀具 Z 向快退
N140 M2                         ；程序结束
```

例 3-10 手工编程示例二 （其他先进功能编程的应用）

如图 3-20 所示，1 为基本轮廓图形，2 为轮廓 1 在编程零点处的旋转图，3 为轮廓 1 在 y 轴方向的绝对镜像图，4 为 x 轴的叠加镜像，5 为轮廓 1 先在 x 轴方向绝对镜像，然后再整体放大 2 倍的图形，若刀具采用直径 2mm 的中心钻，切深 1mm，试编程。

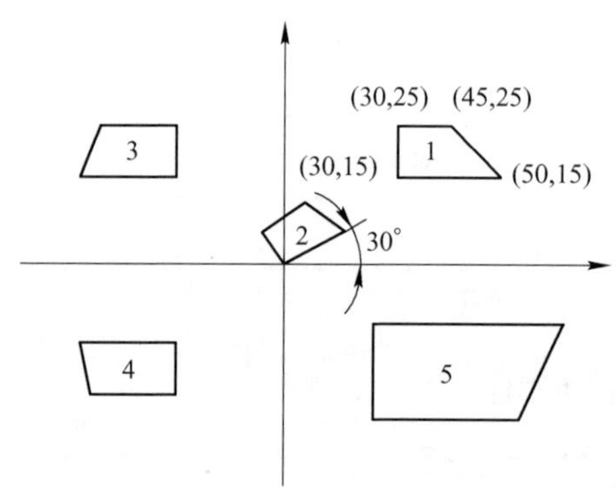

图 3-20 先进功能的综合应用

程序如下：

```
L20          （子程序名）
N10 G54 G90 G1 F200 X30 Y15 Z2
N20 Z-1
```

```
N30 Y25
N40 X45
N50 X50 Y15
N60 X30
N70 G0 Z20
N80 M30
XJ006        (主程序名)
N10  G54 G64 G0 G90 X30 Y15 Z20
N20  S1000 M3
N30  L20                ; 调用子程序，加工基本轮廓Ⅰ
N40  MIRROR X0          ; Y 轴镜像
N50  L20                ; 加工轮廓Ⅱ
N60  AMIRROR Y0         ; X 轴叠加镜像
N70  L20                ; 加工轮廓Ⅲ
N80  MIRROR Y0          ; 先 X 轴镜像
N90  ASCALE X2 Y2       ; 再增量整体放大 2 倍
N100 L20                ; 加工轮廓Ⅳ
N110 TRANS X0 Y0        ; 坐标平移到编程原点
N120 AROT  RPL=30       ; 在原点处增量旋转 30°
N130 L20                ; 加工轮廓Ⅴ
N140 M2                 ; 程序结束
```

说明：MIRROR 为绝对镜像，以选定的 G54，G59 为参考，它将撤销先前所有的坐标系变换。AMIRROR 为叠加镜像，以现行的坐标系为参考。

3.5 数控铣床的典型实习实例

3.5.1 JOG 方式加工非曲线形零件

大多数数控铣床在 JOG 方式下只能单轴移动，因此一般只能加工非曲线形的零件，如键槽、凸台、水平面、切断、钻孔等。有些机床在不回参考点的情况下，也可使用JOG方式加工，但此时机床显示的坐标是相对于开机点的坐标。JOG方式主要用于单件小批零件的生产。

(1) 实习目的

1）掌握数控铣床手动加工的基本操作；

2）掌握采用平口钳在数控铣床上装夹零件的方法；

3）了解常用测量工具的使用方法。

(2) 实习要求

1）认识机床的坐标系，正确选择坐标方向；

2）正确装、卸刀具和零件；

3）游标卡尺、千分尺及百分表的正确使用。

(3) 实习条件

1）XKA714立式数控铣床。

2）零件图，图3-21所示，采用MDI方式加工；

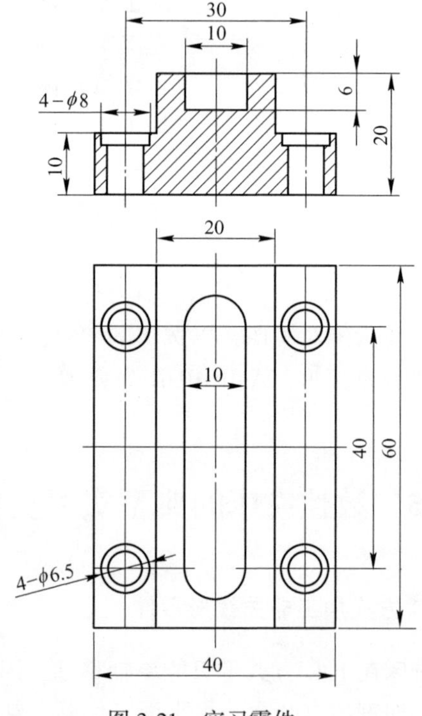

图3-21 实习零件一

3）半精加工后的方铝一块（规格：80×40×30）；

4）弹簧夹头刀柄一套、钻夹头刀柄一把；

5）ϕ20mm 立铣刀、ϕ10mm 键槽刀、ϕ6.5mm 钻头各一支；

6）平口钳；

7）游标卡尺、百分表等测量工具。

（4）实习内容

1）安装平口钳，并用百分表找正；

2）零件装夹，正确选择定位面；

3）机床开机，回参考点，建立机床坐标系；

4）分别使用弹簧夹头刀柄装夹铣刀和钻夹头刀柄装卸钻头；

5）在主轴上装卸刀具；

6）在 JOG 方式下启动和停止主轴，并通过调整主轴倍率，选择转速；

7）通过倍率开关调整进给速度，用手摇脉冲发生器进给加工零件；

8）随时进行中间检验。

（5）加工步骤和方法

1）选择 x 轴和 z 轴方向的测量基准面，用 ϕ20mm 立铣刀分粗、精铣加工出凸台。粗加工时可用逆铣，精加工时则用顺铣，以提高加工表面的质量。加工中应随时注意零件的对称度，进给速度要平稳（脉冲手轮摇速要匀）。

2）选择 y 轴方向的测量基准面，换 ϕ10 的键槽刀加工键槽。对于键槽宽度要求较高（定位用）的零件，若不能一次加工到深度，应尽量避免往复加工（特别是直径较小的刀具），以免让刀造成加工误差。这里采用分两刀切削的方式加工，第一刀切深 4mm，加工完毕后提刀，再移动到起点处，切深至槽深后继续加工。键槽的起、落刀点应尽量选择在键槽的圆头处。

3）换钻夹头刀柄安装 ϕ6.5mm 钻头钻孔，钻削时应注意随时提刀倒屑，以免钻头折断。

在数控铣床上用 JOG 方式加工时，对尺寸的掌握应随时注意机床坐标系的数据，或加工中的相对坐标数据。

(6) 实习报告

1) 零件加工设备名称、型号及所用刀具;

2) 绘制零件加工零件草图、编出加工程序;

3) 说明机床坐标系坐标方向的确定原则;

4) 简述加工工序。

3.5.2 平面刻字加工

(1) 实习目的

1) 了解 G0、G1 指令的含义;

2) 掌握 G0、G1 的编程方法;

3) 掌握加工中 Z 轴提刀、进刀的用法。

(2) 实习要求

1) 用 G1 编写正确的程序段;

2) 通过机床运动和图形显示判断该程序段是否正确;

3) 熟悉和掌握数控铣床的自动加工方法。

(3) 实习条件

1) 立式数控铣床;

2) 实习用有机玻璃一块(规格:120×70);

3) ϕ5mm 键槽及刀柄;

4) 压板、螺栓、螺母、垫铁等;

5) 加工图形如图 3-22 所示,切深 1mm。

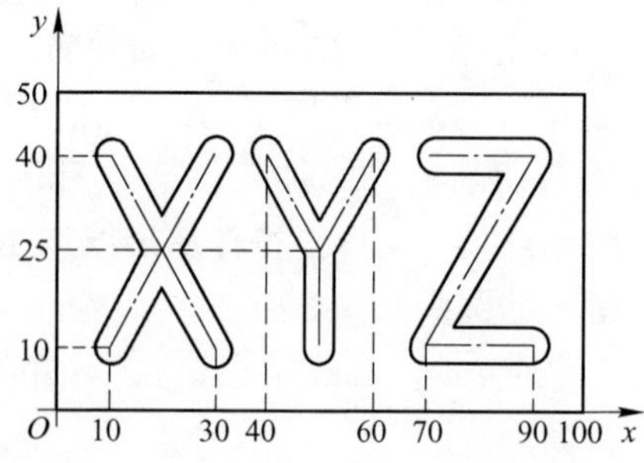

图 3-22 实习零件二(平面刻字)

（4）实习内容

1）开机、机床回参考点，建立机床坐标系；

2）确定零件的安装方法，选择对刀点；

3）刀具的安装；

4）对刀及零点偏置（G54）的设置；

5）编写零件的数控加工程序；

6）图形模拟加工检测程序；

7）启动加工程序。

（5）参考程序

程序名：XYZ

```
N010 G54 G64 G90 G0 X10 Y10 Z50；快速移动到下刀点上方 50mm 处
N020 M3 S1500 Z2                ；快速接近加工面
N030 G1 F400 Z-1                ；直线插补切深 1mm
N040 X30 Y40
N050 G0 Z2                      ；快速提刀到 Z2mm 处
N060 X10                        ；快速移动到另一下刀点
N070 G1 Z-1                     ；直线插补切深 1mm（以下类似）
N080 X30 Y10
N090 G0 Z2
N100 X40 Y40
N110 G1 Z-1
N120 X50 Y25
N130 Y10
N140 Y25                        ；原路再返回到（50，25）处，避免提刀
N150 X60 Y40
N160 G0 Z2
N170 X70
```

```
N180 G1 Z-1
N190 X90
N200 X70 Y10
N210 X90
N220 G0 Z100                    ；快速高提刀，拆卸零件方便
N230 M2                         ；程序结束
```

3.5.3 数控铣削加工方槽型腔

(1) 实习目的

1) 了解数控铣削加工过程；

2) 了解加工凹槽的加工工艺；

3) 掌握子程序的编程方法；

4) 掌握正确选择零件定位基准的方法。

(2) 实习要求

1) 正确、连贯地完成零件的加工操作内容；

2) 合理选择凹槽类零件的走刀路线；

3) 正确完成调用子程序铣削零件；

4) 正确装夹零件，设置零件零点偏置。

(3) 实习条件

1) 立式数控铣床；

2) 零件图，见图 3-23；

3) 半精加工后的铝板一块（规格：80×50×20）；

4) 弹簧夹头刀柄一套；

5) ϕ6mm 键槽刀；

6) 平口钳；

7) 游标卡尺、百分表。

(4) 实习内容

1) 详阅零件图，检查坯料尺寸；

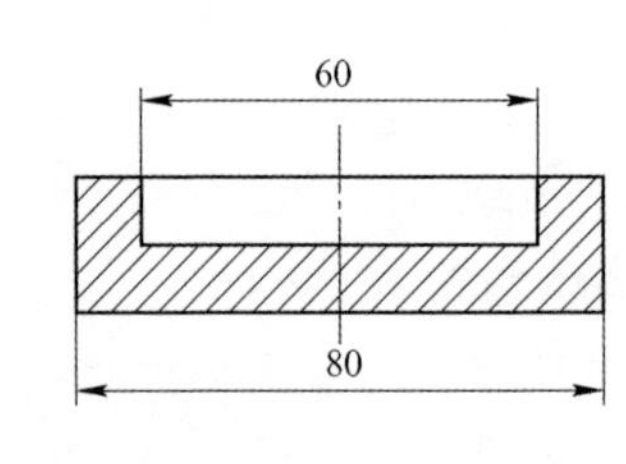

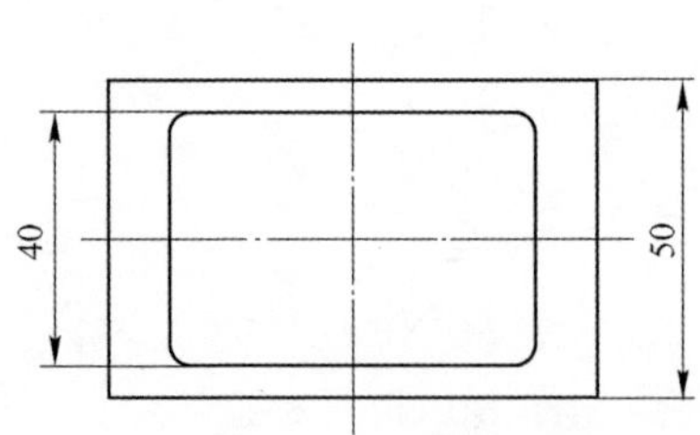

图 3-23 实习零件三

2）编制加工程序，输入程序并选择该程序；

3）开机、机床回参考点；

4）平口钳装夹零件，用百分表找正；

5）确定零件零点，设定零点偏置；

6）安装刀具；

7）对刀，选择自动加工方式；

8）图形模拟加工检测程序；

9）启动加工程序。

（5）工艺分析

1）粗铣轮廓。因零件的四个角全为 $R3$，故使用 ϕ6mm 键槽刀加工。编程中不用刀补和圆弧插补，加工时可通过刀具自然形成 $R3$ 的圆弧。槽深 10mm，粗铣时每次切深 2mm ，需 5 次循环加工至尺寸。编程时，将一个循环编为子程序，共调用 5 次子程序。粗铣走刀路线用行切法，如图 3-24（a）所示。编程时，一般单面各留 0.5mm 的余量。

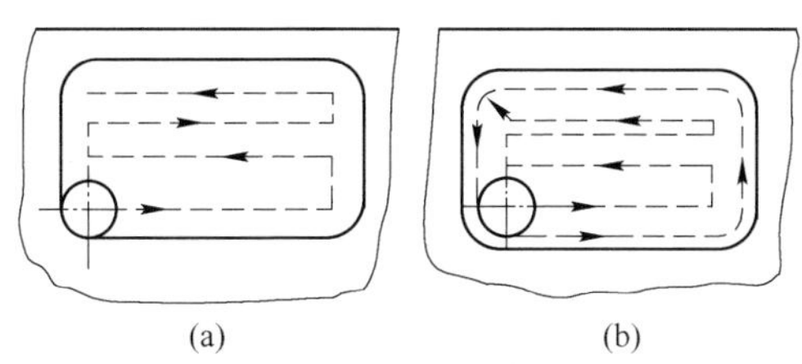

图 3-24　方槽加工路线

2）精铣轮廓。因粗铣轮廓时采用行切法，加工表面质量较差，因此精铣轮廓采用先用行切法，最后用环切一刀光整轮廓表面的加工方法，如图 3-24（b）所示。方型槽编程简单，每次加工可通过修改环切加工尺寸的方法进行加工。如用半径为 ϕ5.9mm 刀具编程，则单边留余量为 0.1mm。

某些槽类零件若采用立铣刀或机夹刀加工时，一般要先加工出工艺孔。

（6）参考程序

```
FC003       （主程序名）              L1（粗加工的子程序）
N001 G54 G64 G90                     N01 G91 X53
```

```
N010 G0 X-26.5 Y-16.5 Z50
N020 M3 S1500 Z2
N030 G1 F40 Z-2
N040 L1
N050 G91 Z-2
N060 L1
N070 G91 Z-2
N080 L1
N090 G91 Z-1.5
N100 L1
N110 G91 Z-0.5
N120 L1
N130 G90 X-27
N140 Y-17
N150 X27
N160 Y17
N170 X-27
N180 Y-17
N190 G0 Z100
N200 M2
```

```
N10 Y5
N20 X-53
N30 Y5
N40 X53
N50 Y5
N60 X-53
N70 Y5
N80 X53
N70 Y5
N60 X-53
N50 Y5
N80 X53
N50 Y3
N60 X-53
N50 Y-33
```

3.5.4 刀具半径补偿功能的应用

(1) 实习目的

1) 了解刀具半径补偿的作用以及左刀补和右刀补的意义；

2) 了解 G40、G41、G42、T…、D…指令的含义；

3) 掌握 G40、G41、G42、T…、D…的编程方法；

4) 掌握 G41、G42 与顺铣、逆铣的关系。

(2) 实习要求

1) 正确输入、修改刀具半径补偿值；

2) 正确运用刀具的半径补偿值进行零件粗、精加工；

3) 用 G41、G42 编写正确的程序段；

4）通过机床运动和图形显示判断该程序段是否正确。

（3）实习条件

1）立式数控铣床；

2）图样，见图3-25；

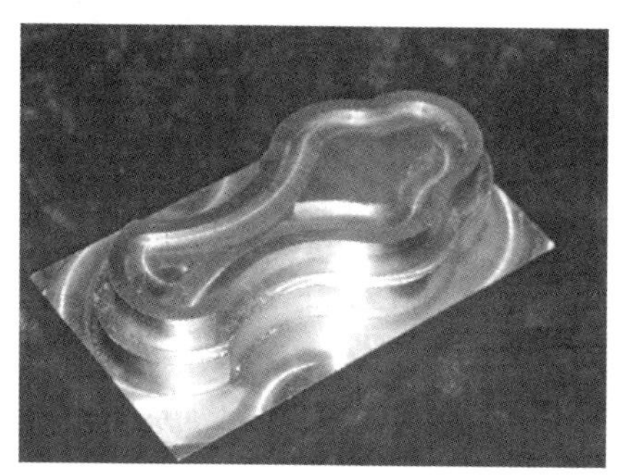

图3-25　实习零件四样图

3）半精加工后的方铝一块（规格：80×40×30）；

4）弹簧夹头刀柄一套；

5）ϕ10mm 立铣刀、ϕ6mm 键槽刀；

6）平口钳；

7）游标卡尺。

（4）实习内容。根据给定的图样和材料自行设计加工图纸并编程。

实习重点：掌握左刀补和右刀补以及取消刀具半径补偿的使用方法，观察修改刀具半径补偿值后的切削变化，学会使用刀具半径补偿值计算零件的加工余量。

其他实习内容详见：3.5.2　平面刻字加工。

（5）工艺分析。阅读图样可知，零件的加工轮廓分三层，且形状相同，且外边两层尺寸都相差一个刀具的半径（5mm）。因此，可先按刀具的中心线编一个子程序（加工方向顺时针），然后再加入左刀补，调用该子程序加工大轮廓面；提刀后取消刀补，第二次调用子程序，加工中间的轮廓面；最后换成右刀补，换 ϕ6mm 键槽刀，第三次调用子程序加工最小的轮廓面。若加工中留余量，可将半径补偿值设大，如刀具的标准半径为 ϕ6mm，当刀具参数设成 6.1 时，加工余量单边留 0.1mm。

(6) 参考程序

```
BJ001                                  (主程序名)
N01G90 G54 G64 G0 X-24Y-35 Z20
S1000M03
G1F2000Z-20
T1G41X-24Y-15
JP
G1Y-30
Z-10G40
X-24Y-15
JP
G1F1000Z100
M00M5
M3
N1G1X-26 Y0 Z20 T2
N04G1Z-4.2F60
N2G42X-39Y0
JP
G0Z100
T1G40Z101M2

JP                                     (子程序名)
/N2G1 F100X-39Y0                       ; 程序跳段
N06G02X-24Y15CR=15
N07CIP X0Y15I1=-12J1=10
N08CIP X24Y15I1=12J1=20
N09G02X24Y-15I0J-15
N10CIP X0Y-15I1=12J1=-20
N11CIP X-24Y-15I1=-12J1=-10
/G2X-39Y0CR=15
```

```
/G1Z50M2
G2X-24Y-19CR=15
N15M30
```

3.6 数控铣床的实际操作

3.6.1 机床的开关机、回参考点与超限位的解决办法

3.6.1.1 开机和回参考点

操作步骤：确认急停→打开电柜开关→待系统启动完毕抬起急停→按复位按键→按使能有效键。

系统启动以后进入“加工”操作区 JOG 运行方式，把悬钮拨到回参考点操作方式。“回参考点”只有在 JOG 方式下才可以进行。依次调整“坐标轴方向键”Z、Y、X，Z+按键不放，直到窗口中+Z 后面的圆圈出现黑白状态，表示该坐标轴已经到达参考点。再按下 Y+按键、X+按键，直到都回到参考点。

如果选择了错误的回参考点方向，则不会产生运动。

机床开机后必须先进行手动回参考点操作。因为西门子系统属于相对位置编码器。机床每次开电后，必须进行一次返回参考点；机床在回完参考点建立了坐标测量基准，因而零件加工程序中的零点偏移指令和螺距误差补偿生效。另外，任意一轴没有返回参考点，自动方式下不能启动加工程序。

3.6.1.2 关机

关机步骤：按使能无效键→按下复位→按下急停→关电柜门开关。

回参考点后，各轴手动回到中间位置。

3.6.1.3 超硬限位解除方法

将机床操作面板上钥匙开关往右侧搬动 30°角并保持接通状态，按下列方法解除硬限位：

（1）按下“急停按钮”，再旋出“急停按钮”；

(2) 按“复位”键（与急停退出过程相同）；
(3) 按“使能有效”键。此时超程复位生效；
(4) 方式选择“手动”；
(5) 坐标选择旋钮至超程坐标；
(6) 调低进给倍率；
(7) 按照远离硬限位开关的方向进行点动；
(8) 当硬限位碰块离开开关时，操作员可以松开超程钥匙开关；
(9) 硬限解除后，操作人员应立即拔出钥匙开关上的钥匙。

注意：点动方向，必须是远离硬限位行程开关。

3.6.2　数控铣床的操作步骤

在拿到零件图纸后，执行如下步骤。

3.6.2.1　工艺分析

在进行工艺分析时，主要从精度和效率两个方面考虑：

(1) 当加工同一个表面时，应按粗加工、半精加工、精加工次序完成，或者对整个零件的加工也可以分为先粗加工、半精加工、精加工次序完成。对形状尺寸公差要求较高时，考虑零件尺寸精度、零件刚性和变形等因素，可以采用前者；对位置尺寸公差要求较高时，则采用后者。

(2) 对于既有铣又有镗孔的零件，采用先铣后镗的原则。因为铣削时切削力大，零件易变形，先铣后镗孔，使其有一段时间的恢复，减少由变形对精度的影响；反之，如果先镗孔再进行铣削，必然在孔口处产生毛刺，从而对精度有影响。

(3) 在一次装夹中，应尽可能地完成更多的加工表面，尽可能用同一把刀完成同一个工位的工步加工。

3.6.2.2　确定夹具

确定夹具时须注意：

(1) 用虎钳时，要注意零件安装时放在钳口的中间部，零件被加工部分要高出钳口，避免刀具与钳口发生干涉，同时注意零件上浮。

(2) 用压板时，要注意螺栓和螺母的位置尽量放在压板中部靠近零件处，压紧力不要过大，压板不要倾斜。

3.6.2.3 确定编程原点

编程时，一般是选择零件或夹具上某一点作为程序的原点。这一点就称编程原点。

编程原点的选择原则如下：

(1) 选在零件图样的尺寸基准上，可直接用图纸标注的尺寸作为编程点的坐标值，减少计算工作量。

(2) 能使零件方便地装夹、测量和检验，尽量选在尺寸精度、粗糙度要求比较高的零件表面上，这样可提高零件的加工精度和同一零件的一致性。

(3) 对于有对称的几何形状的零件，工件零点最好选在对称中心上。这样工件坐标系的原点与机床坐标系的原点有一个差。在加工工件时，可以先把这个差即工件原点在机床坐标系下的坐标值 x、y、z 分别输入到 G54～G59 对应的 x、y、z 坐标里。工件坐标系的各坐标轴必须平行于机床坐标系的相应坐标轴。工件原点在机床坐标系下的坐标值，要通过准确对刀输入到 OFFESET 下零点偏置界面的 G54～G59 中。

3.6.2.4 确定加工路线

铣削加工时，有顺铣和逆铣两种方式。

(1) 逆铣：铣刀在切削区的切削速度的方向与工件进给速度的方向相反。

(2) 顺铣：铣刀在切削区的切削速度的方向与工件进给速度的方向相同。

逆铣、顺铣简单分析：逆铣时，刀具易磨损，并影响已加工表面；顺铣时，刀具耐用度比逆铣时提高 2～3 倍，但顺铣不宜加工带硬皮的工件。由于工件所受的切削力方向不同，粗加工时，逆铣比顺铣平稳。

加工余量确定的基本原则，是在保证加工余量的前提下，尽量减少加工余量。

3.6.2.5 安装刀具

以弹簧夹头刀柄为例，介绍刀柄的安装方法：

(1) 将刀柄放入卸刀座并锁紧；

(2) 根据刀具尺寸选择相应的卡簧，清洁工作表面；

(3) 将卡簧按入锁紧螺母；

(4) 将铣刀装入卡簧孔中，根据加工深度控制刀具伸出长度；

(5) 用扳手顺时针锁紧螺母；

(6) 检查后将刀柄装入主轴。

3.6.2.6 零件原点的确定

编程原点要通过对刀操作转变为零件原点。

A 对刀的原理和目的

(1) 对刀的原理。零件在机床上定位装夹后，必须确定零件在机床上的正确位置，以便与机床原有的坐标系联系起来。

(2) 对刀的目的。对刀的目的是确定对刀点（或零件原点）在机床坐标系中的绝对坐标值，测量刀具的刀位偏差值。对刀点找正的精确度之间影响加工精度。

B 对刀的种类

a 直接对刀

用已安装在主轴上的刀具，通过手轮移动工作台，使旋转的刀具与零件的表面做微量的接触（产生切屑或摩擦声），这种方法简单方便，但会在零件上留下切削痕迹，且对刀精度较低。

(1) 对刀方法：主轴以低速度转动起来，z 轴向下移动，待走到加工面很近时，慢慢移动最好采取增量工作方式。可以在加工面上面放一张纸，直到接触上停止运动注意不要移动 z 坐标，打开零点偏置界面，在 G54 里输入零点偏置 z 值。再依次对刀：x 方向和 y 方向，再分别输入到 G54 的 x 和 y 里。

(2) 刀具半径和刀具长度补偿：由于我们是带着刀具设置零点偏置，刀具长度就不用输入了，只输入半径就可。仍然是打开 OFFSET 界面进行设置。

b 使用寻边器对刀

寻边器的种类有 3 种：机械式寻边器、光电式寻边器和验棒。

(1) 机械式寻边器分上下两部分，中间用弹簧连接，上部分用刀柄加持，下半部分接触零件。使用时必须注意主轴转速，避免因转速过高损坏寻边器。

（2）光电式寻边器主要有两部分，柄体，测量头（ϕ10mm 的圆球）使用时主轴不需要转动，使用简单，操作方便。使用时应避免测量头与零件碰撞，应该慢慢地接触零件。

验棒具有一定精度的圆棒（如铣刀刀柄），对刀时用塞尺配合使用，用这种工具对刀时应注意塞尺的松紧度，过松或过紧都会影响对刀精度。

3.6.2.7 程序输入

程序输入有两种形式：一是通过操作面板输入机床；二是 DNC 俗称群控，是用一台或多台计算机对多台数控机床实施综合数字控制。

输入程序后，即可进行试运行、试切和自动加工。

3.6.3 操作方式

（1）手动及手动快速。在机床操作面板（MCP）上设有工作方式选择开关。选择各个方式即可进行操作。

（2）点动及手动运动。点动及手动运动操作步骤为：

1）通过工作方式选择开关选择增量工作方式 1、10、1000、10000（所对应的距离为 0、001；0、01、0、1 和 1mm）。

2）通过坐标轴选择开关选择所要运行的坐标轴。

3）每按一次方向键（点动脉冲），使选择的坐标轴移动一个所选的增量。

（3）手动数据输入（MDI）工作方式。手动数据输入（MDI）工作方式的功能为：在该工作方式下，可以编制一个零件程序并加以执行。

操作步骤：

1）通过工作方式选择开关选择手动数据输入（MDI）工作方式；

2）通过 CNC 操作面板输入程序段；

3）按数控启动键执行输入的程序段。

（4）手动再定位。功能为：在自动工作方式下运行加工程序时，

由于某种原因（如中断加工程序，对零件进行测量，中途休息等）

1）按程序停止键停止执行加工程序。

2）将操作方式选择开关拨至手动工作方式，而后执行手动功能，运行坐标轴（如退出工件，处理某项事宜）。

3）希望各坐标轴返回程序停止时的位置，可将工作方式选择开关拨至手动再定位工作方式。

4）按与原来运动方向键相反的键（首先选好相应的坐标轴），坐标轴运行到程序停止位置时停止运行。这样可逐一处理各坐标轴，则机床返回到程序中止的位置。

这时如将工作方式选择开关拨至自动工作方式，按程序执行键，则程序继续执行。

（5）自动操作方式。数控机床在进行零件加工之前，必须根据所加工的工件、所选择的刀具以及加工工艺对 CNC 数控系统进行加工参数设定，对机床刀具进行调整，其中包括输入刀具参数及刀具补偿参数，输入或修改零点偏置，输入设定数据。

1）刀具参数及刀具补偿参数。西门子 802D 系统具有刀具补偿功能，在编制零件的加工程序时，无须考虑刀具长度和刀具半径，可以直接根据图纸尺寸对零件进行编程。在刀具使用一段时间后，如发生磨损而影响了加工精度，还可以将磨损量输入到数控系统，从而保证了零件的加工精度。

刀具参数包括刀具几何参数、磨损量参数。不同类型的刀具均具有一个确定的加工数量，每个刀具有一个刀具号，最多可以建立 32 个刀具（T……号）。

2）输入/修改零点偏置。在机床回参考点之后，实际值存储器以及实际值的显示均以机床零点为基础，而零件的加工程序则以零件零点为基准，这之间的差值就作为可设定的零点偏移量输入。

3）编程设定参数。通过设定数据的设定和修改，可以对主轴速度、手动进给率、空运行进给率进行设定。首先按 CNC 操作键盘上的偏移参数键，屏幕上显示出相应窗口，再按设定数据软键，显示屏幕上出现设定数据状态图。

4 数控加工中心实训

4.1 加工中心概述

4.1.1 分类及加工对象

加工中心（Machining Center）简称 MC，是由机械设备与数控系统组成的适用于复杂零件加工的高效率自动化机床。

加工中心与数控铣床，相同的是，都是由计算机系统（CNC）、伺服系统、机械本体、液压系统等部分组成；不同的是，加工中心在数控铣床的基础上增加了自动换刀装置及刀库，并带有其他辅助功能，从而使零件在一次装夹后，可以连续、自动完成多个平面或多个角度位置的铣削、钻、镗、铰、攻螺纹、切槽等多种加工功能。加工中心常用的系统主要有 FANUC 系统、西门子系统、海德汉系统、华中数控系统等。

加工中心分类按其结构分为立式加工中心、卧式加工中心、龙门式加工中心、五轴加工中心；按其工艺用途分为镗铣加工中心、复合加工中心；按其运动坐标数和同时控制的坐标数分为三轴二联动、三轴三联动、四轴三联动、五轴四联动、六轴五联动等。加工中心主要适用于精密、复杂的零件和周期性重复投产的零件；多工位、多工序集中的零件，具有适当批量的零件的加工。其主要加工对象有箱体类零件、复杂曲面、异形件、板、盘类零件等，如图 4-1 和图 4-2 所示。

4.1.2 加工中心工作原理

加工中心工作原理如图 4-3 所示，加工中心利用程序文件驱动数控系统来控制伺服系统，通过所产生的信号去驱动机床，来完成加工

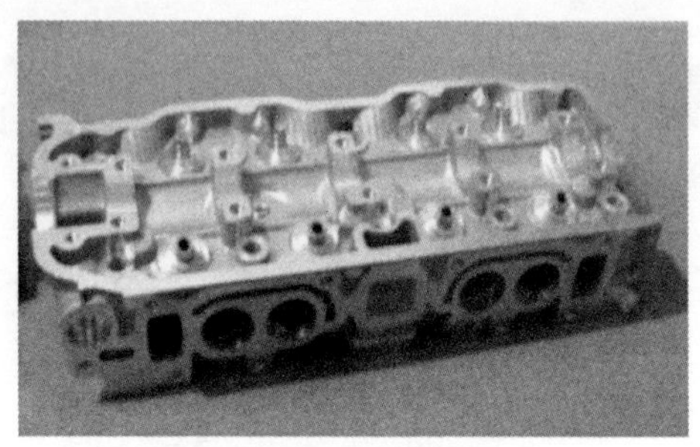

图 4-1 箱体

图 4-2 螺旋零件

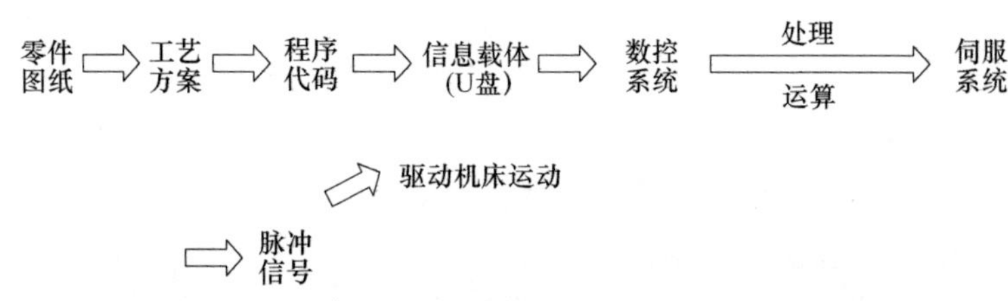

图 4-3 加工中心工作原理图

动作及辅助动作。

4.1.3 加工中心的特点

（1）高自动化、高精度、高效率：自动换刀是加工中心高自动化的一个方面。加工中心的主轴转速高、进给速度快、快速定位精度高，可以通过切削参数的合理选择，充分发挥刀具的切削性能，减少切削时间，且整个加工过程连续、辅助动作快、自动化程度高。

（2）机床的刚度高、抗振性好：为了适应加工中心高自动化、高精度、高效率及高可靠性的加工要求，加工中心的静态刚度和动态刚度都高于普通数控机床；由于其机械结构系统的阻尼比高，从而在加工过程中，机床的抗振性能也高于普通数控机床。

（3）工序集中：更大程度地使零件在一次装夹后实现多表面、多特征、多工位的连续、高效、高精度加工，即工序集中。这是加工中心最突出的特点。

（4）对加工对象的适应性强：加工中心生产的柔性不仅体现在对特殊要求的快速反应上，而且还可以快速实现批量生产，提高市场竞争能力。

（5）经济效益高：使用加工中心加工零件时，分摊在每个零件上的设备费用是比较昂贵的。但在单件、小批量生产的情况下，可以节省许多其他方面的费用，因此能获得良好的经济效益。

4.2 立式加工中心

立式加工中心是主轴轴线与工作台垂直设置的加工中心，主要适用于加工板类、盘类、模具及小型壳体类复杂零件，能完成铣、镗、钻、攻螺纹等工序。立式加工中心最少是三轴二联动，一般可实现三轴三联动。其零件装夹、定位方便；结构简单，占地面积较小，价格较低，是实际生产加工中最为常用的一种加工中心机床。现阶段工程实训所用的立式加工中心为华中数控系统 HNC-818B 的沈阳机床厂 VMC850E 三轴立式加工中心，如图 4-4 所示。

4.2.1 加工中心编程

加工中心的编程基础与编程方法均可参考第 3 章数控铣床西门子 802D 系统的内容。由于本书所介绍的加工中心与数控铣床所用数控系统不同，其程序的表达方式主要有以下差别：

（1）华中数控系统所用程序的程序名都以 O×××× （地址 O 后面必须有四位数字或字母）。

（2）主程序、子程序必须写在同一个文件名下。

图 4-4　VMC850E 立式加工中心

子程序调用 M98 及从程序返回 M99，M99 表示程序返回。

在子程序中调用 M99 使控制返回到主程序。

在主程序中调用 M99，则又返回程序的开头继续执行，且会一直反复执行下去，直到用户干预为止。

1）子程序的格式

%＊＊＊＊

……

M99

在子程序的开头，必须规定子程序号，以作为调用入口地址。在子程序的结尾用 M99，以控制执行完该子程序后返回主程序。

2）调用子程序的格式

M98 P_　L_

P：被调用的子程序号

L：重复调用次数

（3）加工中心具有自动切换刀具的能力，程序中需有自动换刀的指令 M06，如 M06T01 表示换 01 号刀具。针对工程实训的要求，加工中心常用的编程除以上三点外，均可以根据数控铣床部分所学内容进行编程。

（4）简化编程指令

1）镜像功能 G24，G25

格式：G24 X_ Y_ Z_ A_
M98 P_
G25 X_ Y_ Z_ A_

说明：G24：建立镜像；
G25：取消镜像；
X、Y、Z、A：镜像位置。

当零件相对于某一轴具有对称形状时，可以利用镜像功能和子程序，只对零件的一部分进行编程，而能加工出零件的对称部分。这就是镜像功能。

当某一轴的镜像有效时，该轴执行与编程方向相反的运动。

G24、G25 为模态指令，可相互注销，G25 为缺省值。

例 4-1 使用镜像功能，编制如图 4-5 所示轮廓的加工程序。设刀具起点距零件上表面 100mm，切削深度 5mm。

```
%3331;              主程序；
G92 X0 Y0 Z100
G91 G17 M03 S600
M98 P100            ；加工①
G24 X0              ；Y 轴镜像，镜像位置为 X=0
M98 P100            ；加工②
G24 Y0              ；X、Y 轴镜像，镜像位置为（0，0）
M98 P100            ；加工③
G25 X0              ；X 轴镜像继续有效，取消 Y 轴镜像
M98 P100            ；加工④
G25 X0 Y0           ；取消镜像
M30
%100                ；子程序（①的加工程序）

N100 G41 G00 X10 Y4 D01
N120 G43 Z10 H01
N130 G01 G90 Z-3 F300
N140 G91 Y26
```

```
N150 X10
N160 G03 X10 Y-10 I10 J0
N170 G01 Y-10
N180 X-25
N185 G00 Z10
N190 G90 G49 G00 Z100
N200 G40 X0 Y0
N210 M99
```

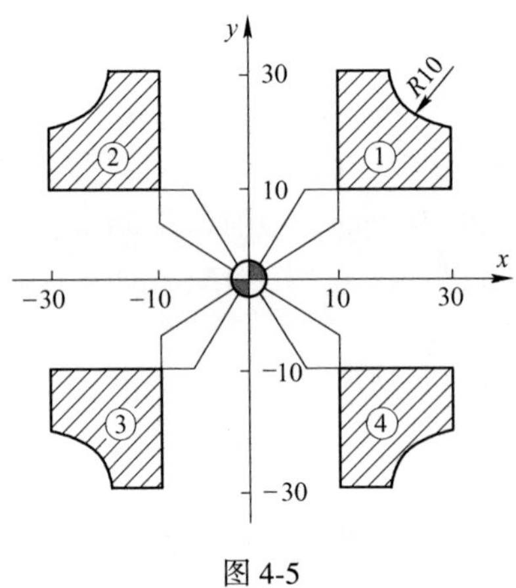

图 4-5

(2) 缩放功能 G50，G51

格式：G51 X_ Y_ Z_ P_

M98 P_

G50

说明：G51：建立缩放；

G50：取消缩放；

X、Y、Z：缩放中心的坐标值；

P：缩放倍数。

G51 既可指定平面缩放，也可指定空间缩放。

在 G51 后，运动指令的坐标值以（x，y，z）为缩放中心，按 P 规定的缩放比例进行计算。

在有刀具补偿的情况下，先进行缩放，然后才进行刀具半径补偿、刀具长度补偿。

G51、G50 为模态指令，可相互注销，G50 为缺省值。

例 4-2 使用缩放功能编制如图 4-6 所示轮廓的加工程序。已知三角形 *ABC* 的顶点为 *A*(10，30)，*B*(90，30)，*C*(50，110)，三角形 *A′B′C′*是缩放后的图形，其中缩放中心为 *D*(50，50)，缩放系数为 0.5 倍。设刀具起点距零件上表面 50mm。

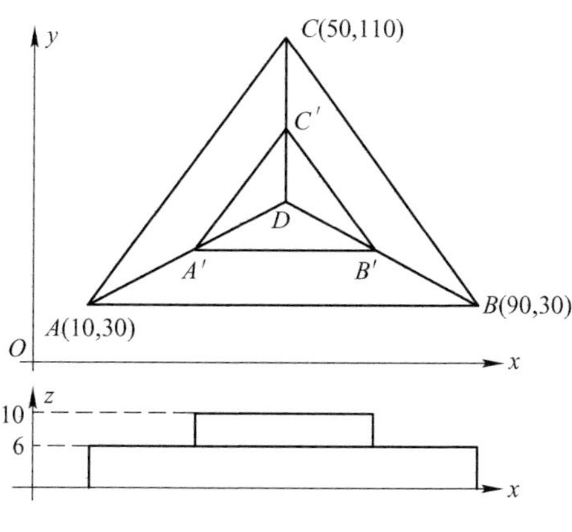

图 4-6

```
%3332              ；主程序
G92 X0 Y0 Z60
G17 M03 S600 F300
G43 G00 Z14 H01
X110 Y0
#51=0
M98 P100           ；加工三角形 ABC
#51=6
G51 X50 Y50 P0.5   ；缩放中心（50，50），缩放系数 0.5
M98 P100           ；加工三角形 A′B′C′
G50                ；取消缩放
G49 Z60
```

```
G00 X0 Y0
M05 M30
%100                    ；子程序（三角形ABC的加工程序）
N100 G41 G00 Y30 D01
N120 Z [#51]
N150 G01 X10
N160 X50 Y110
N170 G91 X44 Y-88
N180 G90 Z [#51]
N200 G40 G00 X110 Y0
N210 M99
```

（3）旋转变换 G68，G69

格式：G17 G68 X_ Y_ P_

G18 G68 X_ Z_ P_

G19 G68 Y_ Z_ P_

M98 P_

G69

说明：G68：建立旋转；

G69：取消旋转；

X、Y、Z：旋转中心的坐标值；

P：旋转角度，单位是（°），0≤P≤360°。

在有刀具补偿的情况下，先旋转后刀补（刀具半径补偿、长度补偿）；在有缩放功能的情况下，先缩放后旋转。

G68、G69 为模态指令，可相互注销，G69 为缺省值。

例 4-3 使用旋转功能编制如图 4-7 所示轮廓的加工程序。设刀具起点距零件上表面 50mm，切削深度 5mm。

```
%3333                      ；主程序
N10 G92 X0 Y0 Z50
N15 G90 G17 M03 S600
N20 G43 Z-5 H02
N25 M98 P200               ；加工①
```

```
N30 G68 X0 Y0 P45              ; 旋转 45°
N40 M98 P200                   ; 加工②
N60 G68 X0 Y0 P90              ; 旋转 90°
N70 M98 P200                   ; 加工③
N20 G49 Z50
N80 G69 M05 M30                ; 取消旋转
%200                           ; 子程序
G41 G01 X20 Y-5 D02 F300
N105 Y0
N110 G02 X40 I10
N120 X30 I-5
N130 G03 X20 I-5
N140 G00 Y-6
N145 G40 X0 Y0
N150 M99
```

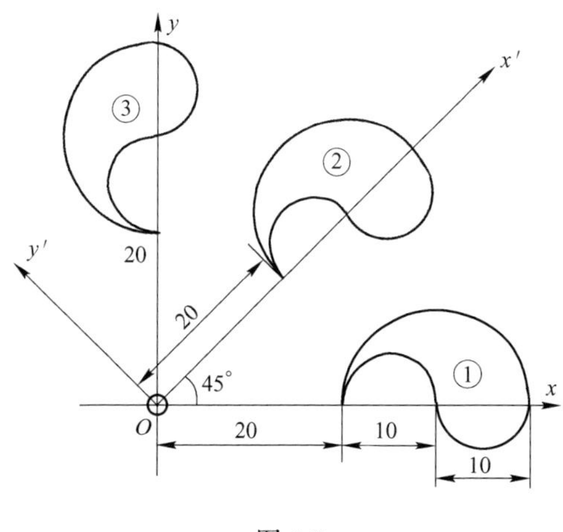

图 4-7

4.2.1.1　手动编程

手动编程是指整个编程过程都是由人工完成的编程方式。手动编程基本内容在第 3 章中有详细说明。加工中心手动编程将直接以案例的形式进行简单介绍。

例 4-4 完成图 4-8 零件的手动编程，其所用毛坯料为 65mm×65mm×15mm 矩形块，使用刀具为 ϕ10mm 和 ϕ8mm 的立铣刀，编写其精加工程序。

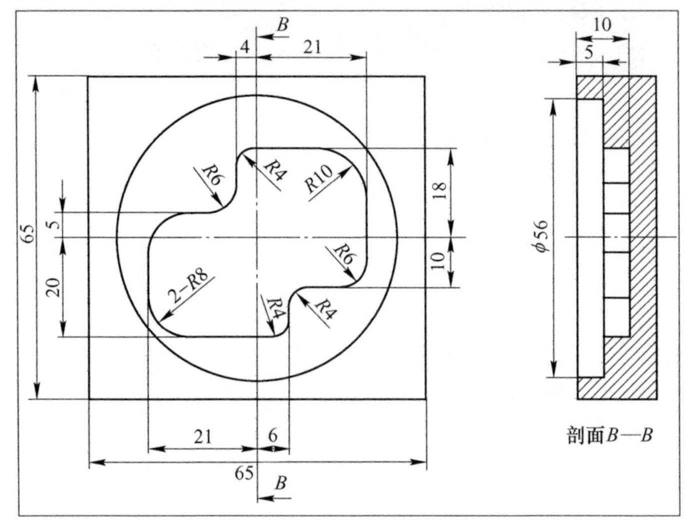

图 4-8 零件图

（1）实习目的

1）学习并掌握加工中心手动编程的方法；

2）学会利用 SolidWorks 软件测量点坐标。

（2）实习要求。正确测量刀路轨迹上各关键点的坐标值，根据各点坐标，正确写出精加工程序。

（3）实习内容。根据给定的零件图及三维模型，利用 SolidWorks 软件测量刀路轨迹各关键点的坐标值，然后根据第 3 章所学手动编程的基本内容与方法，写出该零件精加工的程序。

注意：以零件上表面中心点作为编程坐标系的原点。

（4）工艺分析。通过零件图可知，零件的每层精加工深度都为 5mm，可一次加工完成。零件的精加工轮廓有两层，上层为圆，如图 4-9 左侧视图；下层为异型结构，如图 4-9 右侧视图。利用 SolidWorks 软件可绘出加工两层轮廓时刀具的运动轨迹线（图 4-9 中虚线），并可通过测量得到刀具运动轨迹中各关键点的坐标值，即可根据这些坐标值编写其加工程序。根据加工实际情况，加工上层圆形轮廓时，使用 ϕ10mm 立铣刀，主轴转速为 2000r/min，进给速度为 800mm/min；加工下层异形结构时，使用 ϕ8mm 立铣刀，主轴转速为 4000r/min，进给速度为 1500mm/min。

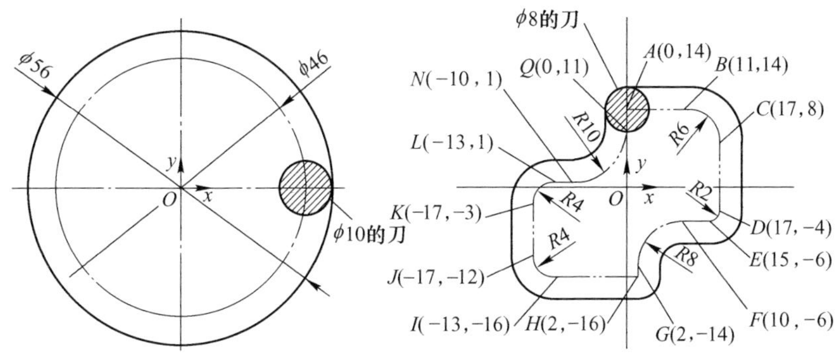

图 4-9　刀具运行轨迹图

（5）参考程序

```
%1234
N01 M06T01                ；换 01 号刀具
N02 G54G90G00X0Y0Z200     ；以 G54 坐标位置为原点，
                            用绝对坐标系，快速移动
                            到原点上方
N03 M03S2000M07           ；主轴以 2000r/min 的速
                            度旋转，打开冷却液
N04 G01X20Y0F1000         ；以 1000mm/min 的速度移
                            动到图形内一点
N05 G01Z-5                ；下刀至 z-5 的位置
N06 G01X46Y0F800          ；以 800mm/min 的进给速度
                            移动到图形一点
N07 G02I-46               ；刀具做半径为 46 的圆周
                            运动
N08 G01X20Y0              ；回到起始点
```

```
N09 G01Z100F5000        ；抬刀到安全平面高度
N10 M06T02              ；换02号刀具
N11 G54G90G00X0Y0Z200   ；快速移动到原点上方
N12 M03S4000M07         ；主轴以4000r/min的速度旋转，打开冷却液
N13 G01X5Y0F1000        ；以1000mm/min的速度移动到图形一点
N14 G01Z-10             ；下刀至z-10的位置
N15 G01X0Y14F1500       ；以1500mm/min的进给速度移动到A点
N16 G01X11Y14           ；刀具由A点做直线运动到B点
N17 G02X17Y8R6          ；刀具由B点做圆弧运动到C点
N18 G01X17Y-4           ；刀具由C点做直线运动到D点
N19 G02X15Y-6R2         ；刀具由D点做圆弧运动到E点
N20 G01X10Y-6           ；刀具由E点做直线运动到F点
N21 G03X2Y-14R8         ；刀具由F点做圆弧运动到G点
N22 G01X2Y-16           ；刀具由G点做直线运动到H点
N23 G01X-13Y-16         ；刀具由H点做直线运动到I点
N24 G02X-17Y-12R4       ；刀具由I点做圆弧运动到J点
N25 G01X-17Y-3          ；刀具由J点做直线运动到K点
N26 G02X-13Y1R4         ；刀具由K点做圆弧运动到
```

```
                                    L点
N27 G01X-10Y1                      ；刀具由L点做直线运动到
                                    N点
N28 G03X0Y11R10                    ；刀具由N点做圆弧运动到
                                    Q点
N29 G01X0Y14                       ；刀具由Q点做圆弧运动回
                                    到A点
N30 G01X5Y0F1000                   ；刀具以1000mm/min的速
                                    度回到起始点
N31 G01Z100F5000                   ；抬刀到安全平面高度
N32 M05M09                         ；主轴停止，关闭切削液
N33 M30                            ；程序停止
```

4.2.1.2 自动编程

现代数控编程方式多以自动编程为主。自动编程是利用计算机自动完成零件构造、零件加工程序编制、控制介质制作等工作的一种编程方法。与手动编程相比，自动编程可以解决手动编程难以处理的复杂零件的编程问题，使数控加工编程更加容易、便捷、准确。数控自动编程软件主要有 MasterCAM、Cimatron、Pro/E、UG、CATIA 等。

虽然编程者所使用自动编程软件不同，但各种编程软件的编程步骤基本相同，大致可分为三大步骤，即几何造型（CAD）、加工设计（CAM）和后置处理（获得 NC 代码）。具体编程流程如图 4-10 所示。

(1) CAD 零件造型设计：获得加工零件的几何图形，可由软件自身完成或从外部导入其他格式的三维模型。

(2) 加工元素的选择：包括刀具的选择、编程坐标系的选择、安全平面的选择、毛坯的选择、零件的选择等。

(3) 设置加工方法和工艺参数：根据编程图形选择合理的加工方法（体积铣、曲面铣、轮廓铣、钻孔等），设计刀路的工艺规划，选择合理的加工工艺参数（主轴速度、进给速度、切削深度等）。

(4) 生成刀路轨迹并仿真：经过计算机计算生成刀路的运动轨迹线，通过仿真验证其是否正确。如不正确，可重新进行编辑和修改。

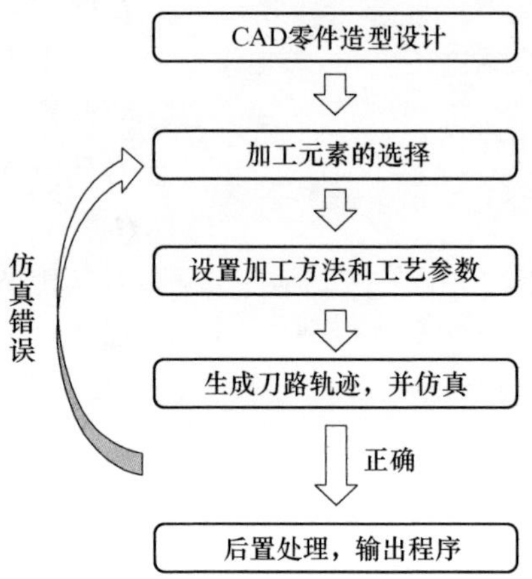

图 4-10　编程流程图

（5）后置处理并输出程序：将图形化的运动轨迹线、设置的参数等处理成数控机床可以接受的加工程序——NC 代码。

例 4-5　完成图 4-11 零件粗加工的自动编程。其所用毛坯料为 60mm×60mm×15mm 矩形块，使用刀具为 ϕ10mm 和 ϕ6mm 立铣刀。正确输出粗加工程序文件。

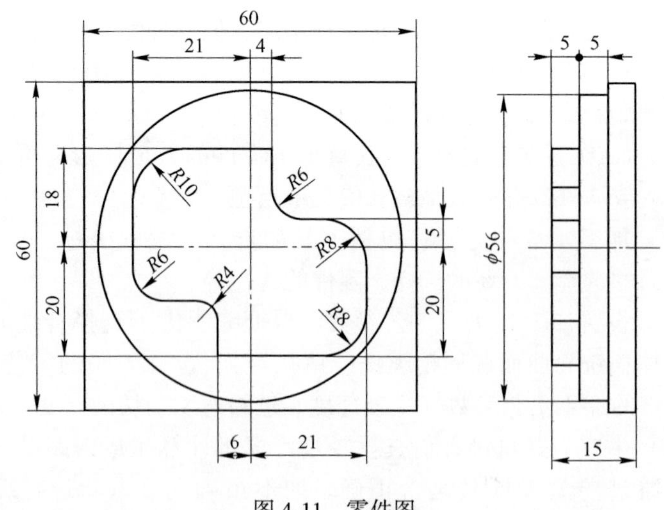

图 4-11　零件图

（1）实习目的

1）学习并掌握自动编程的方法及流程；

2）学会使用 Cimatron 软件进行自动编程。

（2）实习要求。按照步骤完成零件的自动编程过程，并正确输出程序文件。

（3）工艺分析。以零件上表面中心点作为编程坐标系的原点，加工轮廓分为两层，下层为圆柱形，上层为异型结构。使用 ϕ10mm 立铣刀加工下层圆柱，用 ϕ6mm 立铣刀加工上层异型结构。毛坯大小即为图形中的矩形轮廓。可以使用毛坯环切的方式进行加工，每层加工高度都为 5mm，ϕ10mm 立铣刀的主轴转速为 2000r/min，进给速度为 800mm/min；ϕ6mm 立铣刀的主轴转速为 5000r/min，进给速度为 1500mm/min。

（4）实习内容

1）从软件外部导入零件三维模型，见图 4-12。

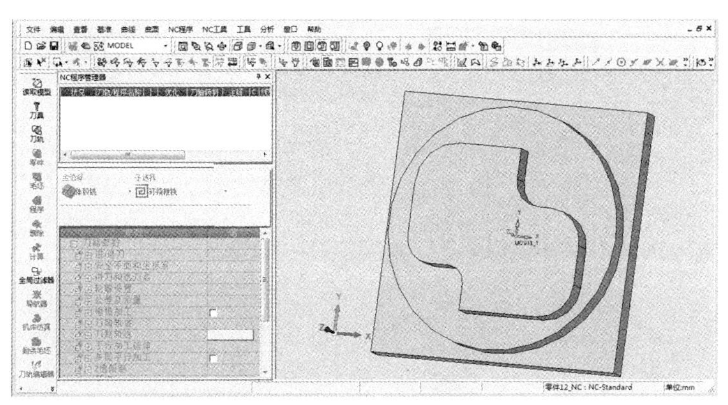

图 4-12

2）选择加工元素。首先，设置所用的两把刀具，见图 4-13；然后，以零件上表面中心点作为编程坐标系原点建立零件坐标，见图 4-14；最后，选择限制块来定义毛坯的大小，见图 4-15。

3）设置加工方法和工艺参数。进入编程阶段，首先，选择加工方式：2.5 轴—毛坯环切；然后，设置刀路轨迹、公差与余量、刀具、机床参数等，见图 4-16。

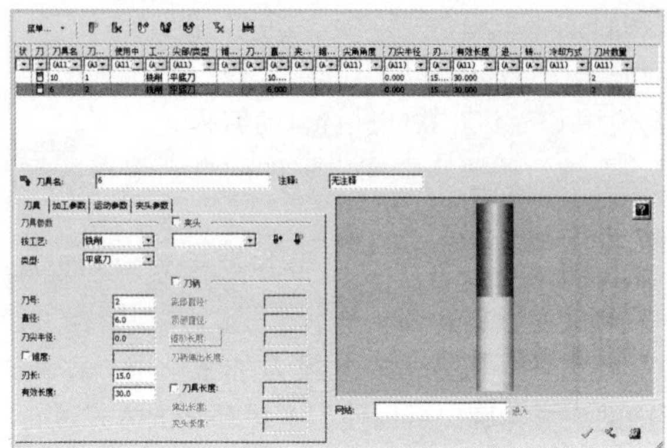

图 4-13

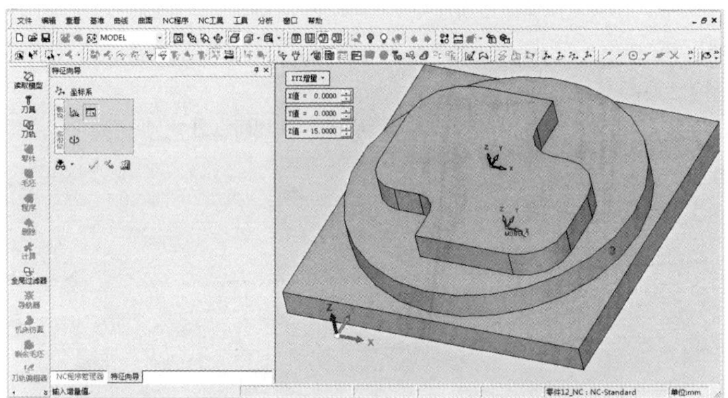

图 4-14

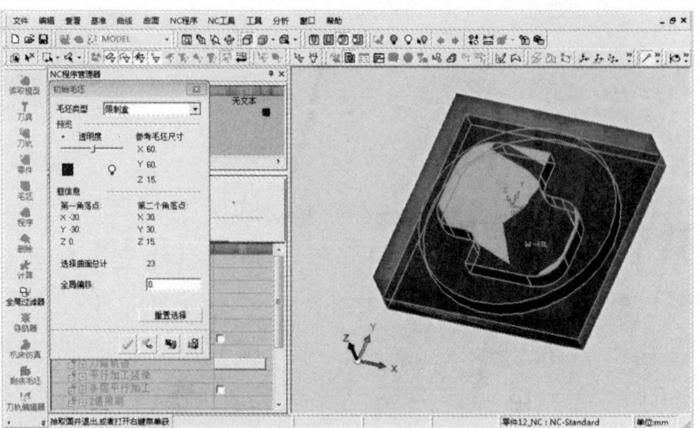

图 4-15

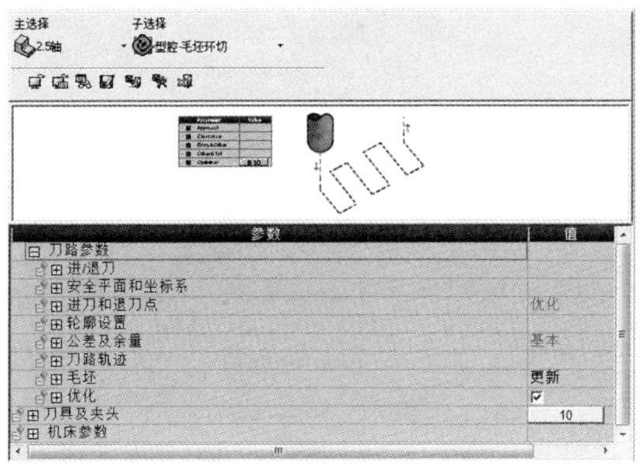

图 4-16

4）生成刀路轨迹并进行仿真。软件计算后生成刀路运动轨迹线，见图 4-17；然后进行模拟仿真，观察可得能够正确加工出零件图形，见图 4-18。

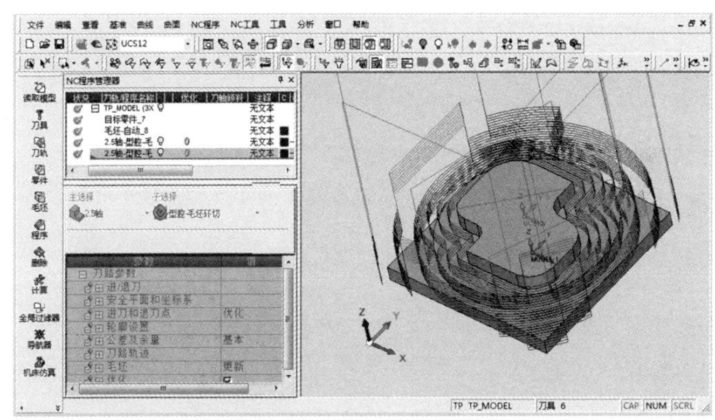

图 4-17

5）后置处理，输出程序文件，见图 4-19。

4.2.2 立式加工中心的操作

操作程序为：

(1) 打开机床总电源；

(2) 打开数控系统的电源；

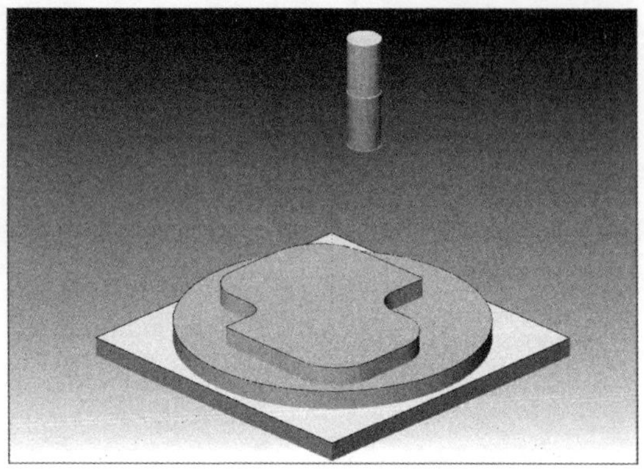

图 4-18

NewPostFile.NC - 记事本

文件(F) 编辑(E) 格式(O) 查看(V) 帮助(H)

```
%1234
G00G17G40G49G80
G91G28Z0
M06T01
G90G54X-24.343Y-36.051 S1000M03
G00X-24.343Y-36.051Z65.
Z-1.
G02X-34.596Y-26.369 R43.5F350
G00Z15.
X-36.1Y24.27
Z14.
G01Z-1.F105
G02X-26.677Y34.36 R43.5F350
G00Z15.
X24.325Y36.063
Z14.
G01Z-1.F105
G02X34.588Y26.381 R43.5F350
G00Z15.
X36.1Y-24.27
Z14.
G01Z-1.F105
```

图 4-19

(3) 抬起急停按键；

(4) 回零、回参考点操作；

(5) 装入刀具、录入刀具偏置，MDI 调刀检查；

(6) 装夹零件毛坯料；

(7) 进行对刀，输入零件坐标系原点的坐标值；

(8) 输入/导入程序文件；

(9) 校验程序；

(10) 关闭安全门，单段运行程序，准确校验程序；

(11) 程序无误后，自动模式下，循环启动；

（12）加工结束后，按下急停按键，关闭机床电源。

4.3 五轴加工中心

五轴加工中心也称五轴联动加工中心，是一种科技含量高、精密度高、专门用于加工复杂曲面的加工中心。这种加工中心对一个国家的航空、航天、军事、精密器械、高精医疗设备等行业有着举足轻重的影响力，其具有高效率、高精度的特点，零件一次装夹就可完成复杂的加工。

工程实训所用的五轴加工中心机床为德玛吉五轴万能加工中心DMU80，是同类别中最高效、灵活性最佳的五轴加工中心。DMU mono BLOCK®机床具有与生俱来的高水准，主要体现在其性能参数上：

（1）其配备的主轴，转速最高可以达到12000r/min、摆动角度为-120°~30°，且主轴的移动速度可达30m/min。

（2）其工作台较大，尺寸为1250×800mm，且具有回转功能，回转工作台直径为800mm、整个工作台载重能力强，可达1.1t。

（3）具有一体式刀库，一次装载刀具可达32把，10s就可完成换刀动作。

（4）旋转式安全门的设计，提高了机床的安全性能。这些创新特点在万能高速加工领域开拓了广泛的应用范围，不断提高了通达性和最佳的操作舒适性。

机床所配置的数控系统为Heidenhain（海德汉）iTNC530系统。该系统是面向车间应用的轮廓加工系统，操作人员可以在机床上采用易用的对话格式进行常规的加工编程，最多可以控制12个轴。

4.3.1 结构及页面介绍

（1）机床主体结构，见图4-20。

（2）主轴结构，见图4-21。

（3）屏幕显示页面，见图4-22，主要分为标题行、主轴监测区、垂直功能键和工艺显示区等。

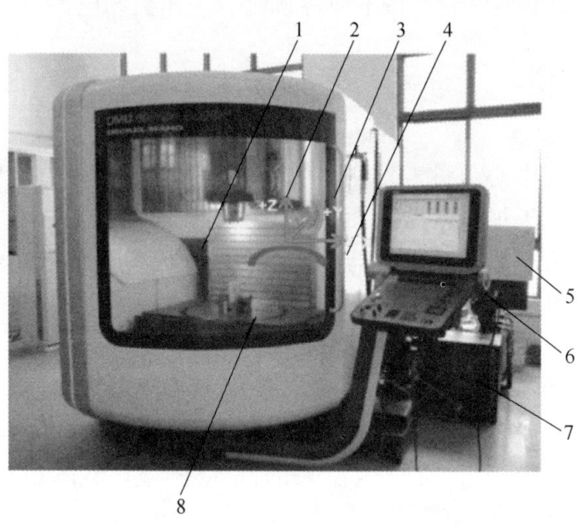

图 4-20　机床结构图

1—刀库；2—铣削头；3—主轴箱；4—工作间；5—排屑器；6—操作台；7—冷却润滑剂装置；8—数控回转工作台

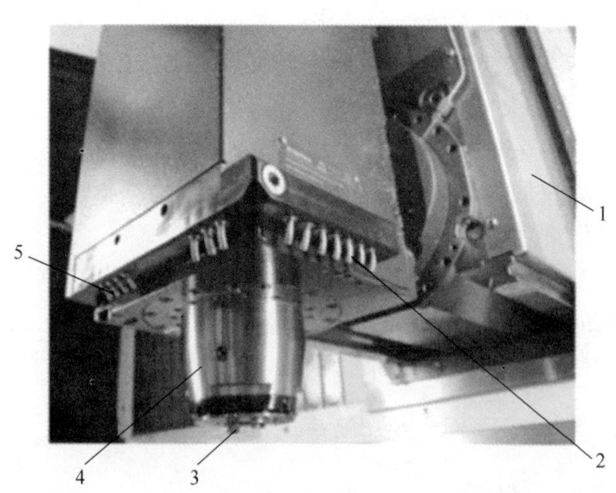

图 4-21　主轴结构图

1—主轴箱；2—冷却润滑液喷嘴；3—刀夹；4—主轴；5—空气喷嘴

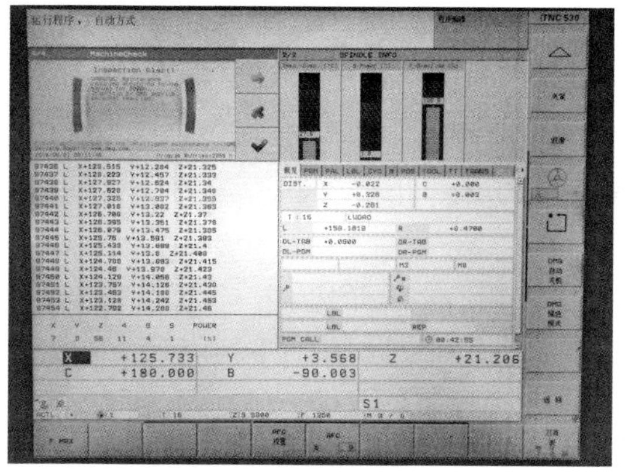

图 4-22 屏幕显示图

（4）操作面板，主要分为几大区域：键盘区、文件编辑区、功能键区、机床操作模式区、系统电源开关和急停按键等，见图 4-23。

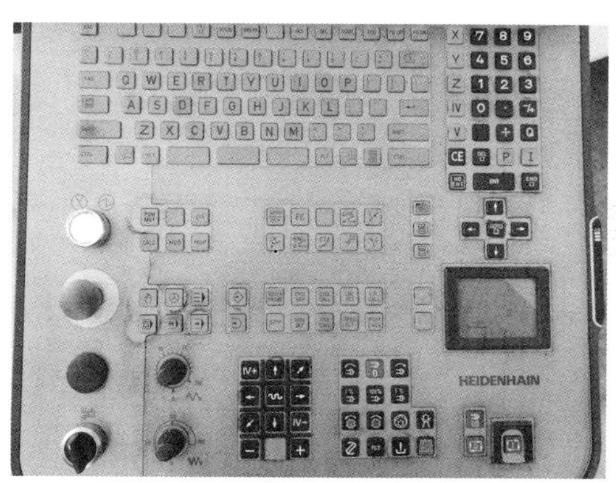

图 4-23 操作面板图

4.3.2 机床操作

机床的加工操作步骤为：

开机→装夹毛坯件→装入刀具→对刀→打标（零件定位）→传输程序→自动加工→加工结束关机。

（1）开机：打开主开关，系统进行初始化后，释放急停按键，按下电气电源按键。

(2) 根据零件选择夹具，固定在回转工作台上，然后将毛坯件固定在夹具上。

(3) 将所用刀具一次性装载在刀库中，并记好刀具号。

(4) 利用对刀仪进行对刀，将刀补输入机床。利用激光打标器进行零件定位，找到零件坐标系原点的坐标值，输入给机床。

(5) 调取 U 盘中所准备好的程序。

(6) 关闭安全门，利用自动加工模式进行自动加工。

(7) 加工结束后，进行关机。

4.3.3 五轴编程应用实例

加工案例：在五轴加工中心上加工图 4-24 所示多面体零件，孔均为 ϕ8mm 孔，工件材料为铝件。

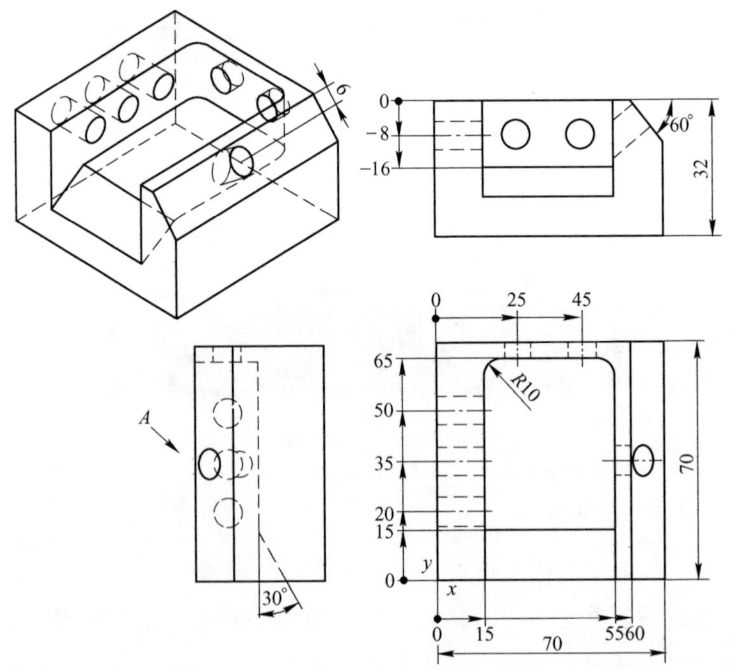

图 4-24　多面体零件图

（1）工件的装夹与定位。根据图 4-24 所示，毛坯材料选用已磨削加工好的 70mm×70mm×32mm 的铝件。采用台虎钳进行装夹，刀具选用 ϕ20mm 高速钢立铣刀和 ϕ8mm 高速钢钻头。以工件上表面的左下角端点为工件编程原点。

（2）数控加工工步

第一步：用 T3 号 ϕ20mm 的立铣刀铣削 60°斜面；

第二步：用 T3 号 ϕ20mm 的立铣刀铣 40×65mm 直槽；

第三步：用 T3 号 ϕ20mm 的立铣刀铣削 30°斜面；

第四步：用 T4 号 ϕ8mm 钻头钻 60°斜面上的孔；

第五步：用 T4 号 ϕ8mm 钻头钻左侧面上的 3 个孔；

第六步：用 T4 号 ϕ8mm 钻头钻后面的 2 个孔。

（3）零件加工程序如下（基于海德汉系统）：

1）工步 1：铣削 60°斜面。

0 BEGIN PGM 80 MM	程序开始
2 BLK FORM 0.1 Z X0 Y0 Z-32.0	定义毛坯形状
4 BLK FORM 0.2 X70 Y70 Z0	
6 TOOL CALL 3 Z S2000 F300	调用 T3 号 ϕ20 立铣刀
8 CYCL DEF 7.0 NULLPUNKT	原点平移至 X60 Y0 Z0 处
10 CYCL DEF 7.1 X60.0	
12 CYCL DEF 7.2 Y0.0	
14 CYCL DEF 7.3 Z0.000	
16 PLANE RELATIV SPb60 MOVE FMAX	B 轴正向旋转 60°
18 L Z+100. FMAX M3 M8	
20 L X0. 0 Y-12 FMAX	加工 60°斜面。
22 L Z0. FMAX	下刀
24 L Y82 FAUTO	
26 L X12 FMAX	
28 L Y-12 FAUTO	
30 L Z+100. R0 FMAX	抬刀、取消刀补
32 PLANE RESET MOVE	取消原点平移、取消

```
                                         坐标轴旋转
34 M9
36 M30
38 END PGM 80 MM                         程序结束
```

2）工步 2 ：铣 40×65mm 深 16mm 的直槽，编程比较简单，此处略。

3）工步 3：铣削 30°斜面。

```
0 BEGIN PGM 90 MM                        程序开始
2 BLK FORM 0.1 Z X0 Y0 Z-32.0            定义毛坯形状
4 BLK FORM 0.2 X70 Y70 Z0
6 TOOL CALL 3 Z S2000 F300               调用 T3 号 φ20mm 立
                                         铣刀
8 CYCL DEF 7.0 NULLPUNKT                 原点平移至 X15 Y15
                                         Z-16 处
10 CYCL DEF 7.1 X15.0
12 CYCL DEF 7.2 Y15.0
14 CYCL DEF 7.3 Z-16.0
16 PLANE RELATIV SPA30 MOVE FMAX A 轴正向旋转 30°
20 L Z+100. FMAX S2000. M3 M8
22 L X20. 0 Y12.0 FMAX                   定位到工件外，加工
                                         30°斜面
24 L Z0. FAUTO                           下刀到斜面高度
26 L Y-30.0                              加工 30°斜面
28 L X30. 0 FMAX
30 L Y12 FAUTO
32 L X10
34 L Y-30
36 L Z+100. R0 FMAX                      抬刀、取消刀补
38 PLANE RESET MOVE                      取消原点平移、取消
                                         坐轴旋转
40 M9
42 M5
```

```
44 M30
46 END PGM 90 MM                       程序结束
```

4）工步4：钻60°斜面上的 ϕ8mm 孔。

```
0 BEGIN PGM 100 MM                    程序开始
2 BLK FORM 0.1 Z X0 Y0 Z-32.0         定义毛坯形状
4 BLK FORM 0.2 X70 Y70 Z0
6 TOOL CALL 4 Z S2000                 调用T4φ8mm钻头
8 CYCL DEF 7.0 NULLPUNKT              原点平移至X60 Y0
                                      Z0处
10 CYCL DEF 7.1 X60.0
12 CYCL DEF 7.2 Y0.0
14 CYCL DEF 7.3 Z0.000
16 PLANE RELATIV SPB60 MOVE FMAX      B轴正向旋转60°
20 L Z+100. FMAX S2000. M3 M8
22 L X6.0 Y35.0 R0 FMAX               定位到钻孔位置
24 CYCL DEF 1.0 PECKING               指定钻孔循环钻
                                      φ8孔
26 CYCL DEF 1.1 SET UP2
28 CYCL DEF 1.2 DEPTH -15
30 CYCL DEF 1.3 PECKG 5
32 CYCL DEF 1.4 DWELL 0
34 CYCL DEF 1.5 F100
35 L Z+100. R0 FMAX                   抬刀、取消刀补
36 PLANE RESET MOVE                   取消原点平移、取消
                                      坐标轴旋转
38 M9
40 M5
42 M30
44 END PGM 100 MM                     程序结束
```

5）同理，工步5钻左侧面的3个 ϕ8mm 孔及工步6钻后面的两个 ϕ8mm 孔，编程同工步4相类似，此处略。

参 考 文 献

[1] 北京第一机床厂培训中心. 数控机床培训讲义.

[2] 武汉华中数控股份有限公司. 数控车床编程与操作基础.

[3] 数控铣床编程与操作基础. 武汉华中数控股份有限公司.

[4] 高樾、胡晓珍、赵陆民 . 工程实训教程 . 成都：电子科技大学出版社 . 2015.

[5] 胡志林 . Cimatron13 三轴数控加工使用教程 . 思美创（北京）科技有限公司 .

[6] HEIDENHAIN iTNC530 用户手册（中文）. 2010 年 4 月 .

[7] DMU80 monoBLOCK HEIDEHAIN ITNC530 使用说明书 .

冶金工业出版社部分图书推荐